グッドリスクをとりなさい

抓住好风险

什么也不做 才是最大的风险

[日] 宫内义彦 著 蒋丰 译

人民东方出版传媒
People's Oriental Publishing & Media
東方出版社
The Oriental Press

目录

译者序
成功就是超越昨天的自己

◆蒋丰

如今的中国，是一个人人都追求成功、推崇成功的时代，又是一个人人都因为忙着成功，而没空儿做好事情的时代。

作为一个旅居日本的华人记者，在数十载的职业生涯中，我有幸采访了很多日本当代的成功人士，比如日本 Broad Band Tower 股份有限公司社长兼 CEO、第四次工业革命的首倡者藤原洋，日本“英灵殿”首席技术官、经典游戏《生死格斗》的设计者板垣伴信，日本最大的非营利公益团体、世界著名慈善基金——日本财团的笹川阳平会长，全球 500 强企业、日本邮船株式会社董事长宫原耕治，达芬奇机器人手术成功率全球第一的新心脏渡边国际医院院长渡边刚，以及本书的作者、全日本最大的综合金融服务企业集团——欧力士的资深董事长宫内义彦等。

通过接触，我感觉，虽然他们都在各自的领域里出类拔萃，卓尔不群，有着各种金光闪闪的头衔，但在为人处世和运筹帷幄上还是有一定相同点的，那就是非常注重提高自己的专业性，有把握时代潮流的大局观，交友范围异常广泛，坚持读书和锻炼身体的习惯，无论多忙都挤出“玩”的时间，具有非凡的人格魅力等。

有人说，如果你想成为什么样的人，就要想办法向那个人看齐，到那个人身边去。但事实上，不是每个人都有这样的幸运，能够到自己理想的成功人士身边工作或生活的。于是，各种成功学书籍、成功学讲座、成功方法论横空出世，主张只要掌握好方法，就能找到成功的规律。我的最新译著《抓住好风险》，恐怕也要被归为这一类。

《抓住好风险》的原作者宫内义彦先生，就是一个世俗意义上非常成功的男人。在52年前，他和12个人奉命成立了日本首家租赁公司，在此后的半个世纪里，他让这个公司成长、发展为全日本最大的综合金融服务企业集团，并历任董事社长、集团CEO、集团董事长，如今还担任着集团里一个前所未有的职位——集团资深董事长。与此同时，他常年推助日本政府进行体制改革，曾历任数届日本政府综合体制改革会议议长等要职，世人所讴歌的财富与功名，应有的他都有。

从理想生活的角度来看，宫内义彦先生依然是成功的。他坚持自己的棒球爱好，古稀之年还能集合中学时代男声合唱团的团友们和当年的老对手共同举办合唱会，保持每年一次的十天左右的欧洲旅行，实践三本书平行阅读的“宫内式读书法”，是一名自得其乐的“日本资格最老的橄榄球铁杆球迷”。

在儒教文化圈里，往往是商人向往士大夫，士大夫艳羡商人，前者在丝竹乱耳、后者在案牍劳形下，又不约而同地想做一名乐山乐水总相宜的隐士。为此，像宫内义彦先生这种同济商海、会盟天下、出舆入辇、上达天听、诗酒陶情、子孙满堂的人生模式，无疑是令人神往的。

难得的是，耄耋之年的宫内义彦先生，还肯将自己多年培养、累积出来的判断力与经验传授给初入社会的年轻人们。《抓住好风险》这本书，其实就是他给当下这个时代的年轻人们的一本走向成功的“经书”。

《抓住好风险》这本书，也是我第二次挑战翻译宫内义彦先生的著作。在我翻译的首本个人传记《追逐明天》里，他立足于人生的关口，用最为平实不过的语言，追忆了过往人生，重温了欧力士集团的成长足迹。通过与宫内义彦先生的接触，以及在翻译工作中对这两本书的浸淫，我能看出，贯穿这两本书的，是他始终抱着时不我待的态度坚持进步，不断地去挑战新事物，全力以赴向前冲的人生态度。

作为译者，我也有几句话想跟中国的年轻人们说，成功无法复制，如果你想要成功，就不能光从书里找诀窍，不能光靠一个曾经跟时代交过手并获了胜的人，来手把手地教你打拼一个新的时代，不能一心渴望成功，却又怕输，当时代不停前进，而你还原地踌躇，就会因速度无法同步被淘汰。什么都不做，才是最大的风险！

说到这里，中国的年轻朋友们可能要发问了："要是这本书不能给我带来成功，那我还买它做什么？"

我的回答是："因人而异，这本书读后你未必就一定会获得成功，但它一定会推助你走上成功的道路！"

其实，真正的成功，不就是超越昨天的自己？！

前言

2014年4月，欧力士集团迎来了创立50周年；同年6月，我正式卸下担任了33年的欧力士集团CEO兼董事的职务。

在与欧力士集团风雨同舟地走过了半个世纪后，我决定，趁自己还身体健康、头脑清醒的时候，把CEO的接力棒交到年轻人手上，同时也把自己作为经营者多年培养、累积出来的判断力与经验，传授给年轻人。在卸任CEO后，我又多了一个新头衔——“资深董事长”。很多人都问过我，“资深董事长”是做什么工作的？其实，我自己也不知道。

因为这在欧力士集团的历史上，是一个前所未有的职位，没有固定的工作内容和任务，所以对于我来说，也只是换一个立场为公司的发展提供一些参考，再做一些贡献。

我首先要做的，就是将自己半个世纪积累下来的经验和知识传授给年轻人。事实上，我不是一个喜欢手把手培养新人的上司。

我认为，公司不是教育机构，作为一名社会人，要自发地、持续不断地学习。但从第一线退下后，我开始将注意力从企业的中坚力量转移到基础员工身上，觉得有必要给他们传授一些我自身的经验之谈。

近年来，我最大的感触，就是从包括欧力士的员工在内，日本三四十岁的年轻人身上，丝毫感觉不到要改变、要革新的意志与霸气。或许原因在于他们是在泡沫经济破灭后的日本经济停滞的大环境下成长起来的。

不仅是日本年轻人，就连整个日本社会都蔓延着这样一种消极的气氛，人处在这样一种大环境中，就会有一种无可奈何、万事倦怠的无力感。

其实，虽然日本经济发展长期停滞，但经济总量却始终保持较大的规模，而在大家看来似乎没有多大变化与进步的日本社会，也在循序渐进的变革中。

遗憾的是，日本的年轻人早早地就放弃了自己的人生，在心态上步入了老年人行列，这真是件令人痛心的事情。希望此书能帮助他们发掘自身的潜力，勇于挑战！

勇于挑战，更直白地说，就是要敢于直面风险。如果害怕失败，注定只会一事无成，唯有不畏风险地前行，才能开拓出一条新的道路。

或许有人觉得，摸着石头过河，太危险、太令人不安了，但我要在此提醒大家，其实什么都不做，才是最大的风险。因为畏手畏脚裹足不前，很可能会令你成为第一批被社会淘汰的人。

当然，我也不鼓励大家盲目前进，还是要懂得如何分辨好风险和坏风险的。对自己有帮助，能带来收益，即便失败了也是一份宝贵经验的，就是好风险。

那么，面对好风险，如何迈出这关键的第一步呢？当然不能等待别人下指示，而要靠自身去摸索实践，但可以多多听取他人的意见和建议。

而我这半世纪所积累的经验，相信能给大家带来一定程度上的帮助。正因为这样，我决心以著书的形式，向大家传递我的见识、经验和思考。

这本书，是我人生经验的总结。书中用词辛辣，说话单刀直入，或许会让年轻人们觉得太刺耳。然而忠言逆耳，我力求简单易懂，所以还望大家理解。

世界形势瞬息万变，全球化市场下的竞争更是愈演愈烈。希望这本书，能成为准备涉足商海的年轻人的灯塔，给予他们鼓舞与激励。

2014 年 11 月

宫内义彦

序章

人生需要自己开拓

打造一个独一无二的公司

我不知道是不是“一叶障目”，但我知道很多人对我任职50年的欧力士集团并不了解。

我经常听到有人这样说，“欧力士这家公司到底做了什么业务就这样赚钱呢？真是令人费解”。让我时而感到惊讶的是，说这些话的人当中，不乏一些被称为分析家、经济评论家的专家们。

面对这种疑问，我的回答是：“正因为有我们这样的公司存在，才能体现各位专家工作的重要性啊。”

乍一看，欧力士的确是一家让人无法一眼看穿从事什么业务的公司。而在我看来，这恰恰就是欧力士的特色。

2014年，欧力士迎来了创建50周年的大喜日子。走过今天，步入明天，我们公司将在新的道路上继续前行，深度打造一个“不可复制、独一无二的公司”。我们公司的目标就是：“用唯一创造第一”。

遥想半个世纪前，欧力士公司是在大阪一栋杂居大楼里面诞生的。当时，我们只有13个人，我是这其中最年轻的一个。少年当有大志。我当时就具有非常清醒的“这家公司是我的公司”的意识，我认为一个公司，实际是一个社会托付你保管的东西，你要精心地呵护它，不让它出现问题，还应该一心一意地不断地进行挑战。我就这样兢兢业业地做了50年，结果才有了今天这样一个“独一无二的公司”。

1964年，在欧力士开展租赁业务之初，日本人的观念还很陈旧。从他人手里租赁东西拿来从事经营，还被人看做是一件不光彩且没有脸面的事情。那时，整个日本都没有另外一家租赁公司。但是，当日本进入高速经济成长期后，伴随着企业设备投资需求的不断高涨，“租赁”这种方式就渐渐为整个社会所接受了。

人们眼看着租赁业务在金融这个大海般的市场发挥了作用，就纷纷下手，在这个并不广阔的市场里面，也如雨后春笋般地出现了很多租赁公司，一种全新的竞争态势出现了。这个时候，我们深切地感受到：欧力士公司不能仅仅在租赁业界里面求生存，必须要创造新的服务、开发新的商品，才能够得到持续性发展。

当时，我们采取的经营策略之一叫作“扩大邻地”，也就是把具有专业知识的租赁事业与相邻的市场联结起来作进一步的推进。

可以说，当时我们每一天都在挑战。我们并不惧怕未知的世界。在新开拓的领域里，我们一边学习研究一边努力做出最优秀的成绩。

这样一来，我们渐渐地开拓出与原来的事业有所不同的事业。我们不仅继续从事设备机器的租赁，还涉足了人身保险和银行业，甚至从事水族馆的运营。正因如此，很多人从表面上看不出来我们究竟是一个从事什么业务的公司，我们也就成为了一个“前所未见的公司”。

这种对新事物、新行业的挑战，欧力士公司直到今天仍在继续。

用自己的意志开拓人生

现在的许多年轻人，未来一定会成为企业和社会的领头人。对于这样的年轻人，我想做出如此寄语：人生，属于你自己。你应该做好思想准备，用自己的意志开拓自己的人生。

自己要勇于进行判断，自己要善于做出选择，自己要敢于突破前行。基于这样的判断、选择、行动，你才有可能达到人生的预设目标，才有可能获得“成就感”。

长期以来，我一直主张“用唯一创造第一”。我认为这个主张不仅仅适用于企业的发展，同样也适用于个人的发展。人生是属于自己的，应该时刻意识到这是我自己的人生，世上大概没有比这更重要的了。总有些人张口闭口不是谈论别人已经如何如何做了，就是想象别人会如何如何去做，心中完全没有独立的自己，只是一门心思地要模仿他人。这样做是行不通的。

因此，在现今的信息化社会，我们不能坐等他人把信息送上门来，而必须自己主动去挖掘信息、发现信息，然后把这些信息在大脑中进行过滤、做出判断，自主决定应该采取什么行动。

我个人的这种信念，是在太平洋战争那个狂风暴雨般的时代树立起来的。在战争结束的昭和二十年（1945 年），我还是一个年仅十岁的孩子。尽管如此，孩童的我心中也已经意识到了："伴随着战争的结束，日本社会将要发生 180 度的重大转变。"

在那之前，我们每天在学校、家庭里面接受的都是"战争必胜"的教育，每个人内心中都有为战争奉献出自己生命的心理准备。记得我在接受了这种教育以后，曾决心长大以后一定要参加海军。

就是这种无时无刻都在进行的"战争必胜"的军国教育，唤起了日本全体国民上下一致参与战争的阵阵狂热。但是，战争失败的消息犹如晴天霹雳，日本人的那种"必胜"、"牺牲"的心情瞬间"被"转变了。那种狂热也"被"迎头的冷水浇灭了。"从现在开始，日本和平了"，"从现在开始，日本要实行民主主义了"，让人不可置信的是，转眼之间，原来热心军国教育的大人们所说的话语与他们原来所说的话语完全不一样了。

在这样一个历史巨变的时期，让成长中的我懂得："今后，不能盲目地、全然地听信别人；今后，必须用自己的大脑努力地进行思考。”我想，比我年龄大的人，或者与我同一个年龄段的人，也应该会认同这句话的。因为他们和我经历了相同的历史。

时代不同了。有人认为，当今的年轻人，所生的时代与过往的时代完全不同了，因此他们不应再怀疑什么。还有人认为，如果把今天社会上的固有观念完全打碎，整个社会就会停滞不前了。在我看来，年轻人对待问题虽然不一定要事事持怀疑的态度，但是，用自己的大脑进行思考、进行决断，仍然是十分重要的事情。

寻找“没有标准答案的问题”

常常有人说，现在的年轻人被教育得没有疑问、不会质疑了。在我看来，这恰恰说明学校的教育环境出现了问题。

现今的学校教育都在追求考试的高分数。要想获得好分数、进入好学校，必须尽可能多地死记硬背“标准答案”。因此，学生们平时只要日复一日、年复一年地不断地背诵、记忆什么是“标准答案”就可以过关。也就是说，考试中出现的“问题”是一定会有一个正确的“标准答案”的。学生们只有把这些“答案”塞满自己的头脑，才能在学历社会中生存下去。

但是，现实社会中其实存在着许许多多“没有标准答案的问题”，或者说无法简单地回答的问题，这些问题在我们的社会里占大多数。如果我们的教师都认为所有“问题”一定会有“标准答案”，或者认为“问题”本身就是在有“标准答案”的前提下才出现，并且照此长期对学生进行教育的话，学生们就会对其他问题都不给予关注，从而陷入一种缺乏“问题意识”的状态。如此培养出来的学生，只会有一个可以机械呆板记忆的大脑，而没有一个可以独立自由思考的大脑。

在我看来，当今的时代，应该是一个刻意主动寻找“问题”的时代，这比什么都重要。也就是说，能够善于发现问题，把握什么是“问题点”是非常重要的。

在日本经济高速发展的时代，企业追求的是大量生产高品质的产品，因此只要能够雇用到忠厚老实的优等生型人才也就心满意足了。但是，时代在不断发生着剧烈的变化，企业在社会上不仅要生产出高品质的产品，还要在社会上追求新的价值，对于人才的需求也就发生了变化。这种人才必须具有灵活的思维表现力，并且能够在这种思维中产生一种创造力。进一步说，就是以往那种只会听话、干活不动脑子的人才已经“落伍”了，企业需要的是创新人才。

我们应该从 20 世纪工业化社会那种统一、平均主义的思考形态中脱身出来。这个社会需要具有自己鲜明的个性，且能凭借这种个性产生新的思维、开拓创新的人才。为此，我们不仅应该让年轻人可以回答那些已经事先准备好标准答案的“问题”，更应该引导他们关注那些“没有答案的问题”，并且对他们进行这方面的思维训练，让他们尽早可以自己做到这一点。

在这里，我也大声呼吁，学校应该加强培养年青一代的思考能力，让他们努力寻求“没有标准答案的问题”，并且培养他们的创造性，帮助并指引他们找寻这些问题的答案。

第一章

首先要学会磨炼自我

注重提高自己的“专业性”

对于步入社会的人来说，“收集信息、分析思考”的能力必不可少。也就是说，平素的学习是不可缺少的。但我想说，兴趣也同样重要。在这个世界上，你关注什么，对什么感兴趣十分重要。

世上的任何事情，都是从兴趣开始的。这也就是说，人一旦对一件事物产生了好奇心和浓厚的兴趣，就会积极主动地去求知、去探索、去实践，并在求知、探索、实践的过程中积累知识和能力，从而发现这个世界上有许多事情原来是自己不知道的。

自己周围的人和事是怎样的状况？自己工作的公司究竟是一个什么样的公司？自己从事的工作在社会上处于怎样的位置？伴随着这些疑问，你对这些事情的关心程度也会不断地提高。

当然，不是仅仅有了各种各样的疑问和关心就可以了事的，而是要考虑自己能否从此深入一步？如果往前继续走一步的话，就会发现需要学习的东西犹如大山一样横亘在眼前，也才会理解“学无止境”的真意。

面对着无涯的学海，人们有时候会不知从何入手。在我看来，还是应该从提高自己工作领域的专业知识和能力方面入手。

比如说，假设你进入公司后被分配到负责财会的部门。这个时候，公司当然不会把季度决算、年度决算这些工作一下子完全交给你。上司估计会说“你先看看下面分公司的财务数据吧”。这也许是你工作的开始。

把眼前的工作干好固然是重要的，但能够被指派“去干干这个吧”也很重要。这表示公司重视对你的使用。在这个“被”使用的过程中，你可以一方面积累相关的会计知识，另一方面对公司的整个财务状况也有了全面的了解。

最重要的是，你在干一件工作时，不能仅仅短期内集中精力去做，而要能够坐下来、静下心，考虑长远。这样，伴随着一件工作的结束，你的专业知识和应用能力就提高了，你的实力也会因此得到提高。

具备了掌握专业知识的能力以后，特别是到社会上工作以后，有些人会开始画地为牢，认为自己的专业是A，我只需懂得A专业的知识就足够了。在我看来这是远远不够的。现代社会是一个知识和业务交叉综合的社会。实际上，你还需要学习B专业、C专业甚至D专业的知识。知识面的不断拓宽，知识点的不断积累，知识能力的不断提高能够让自己的知识结构不断更新、更加坚实，并让你人生的“防守范围”越来越广阔。

结果会是什么？这样做的结果就是伴随着知识增长，你的视野也会不断地拓展。我们常常说“视野开阔，才能够把握全局”。如果见识短浅，就不会有大视野，没有大视野，自然不会有大局观。

树立把握时代潮流的“大局观”

日本青年进入公司以后，在相当长的一段时间内，都会被称作“新人”。而这个被称为“新人”的时期，则正是一个人集中学习相关业务专门知识的最好时期。而当你成长起来以后，特别是被委以重任，能够统领一个部门工作的时候，就应该转变立场，意识到树立“大局观”的问题。

所谓树立“大局观”，就是要能够俯瞰全局，把握整体，清晰地认识到在时代的潮流中，自己所在的公司以及所处的部门处于一种什么样的位置之上，自己今后将往哪一个方向前进，应如何作出判断。而这种“大局观”不可能是一天之内形成的，这需要一种岁月的历练，一种经验的打磨。

每个人在公司里面，越是往上层升迁越会感受到立场的变化，越会把公司运营放在整个社会背景下进行思考，必须作出万无一失的决策。处在领导位置的人物，比掌握专业知识更为重要的是对前进方向的把握。为了准确判断，必须树立“大局观”。

那么，一个人怎样才能够树立起“大局观”呢？

在我看来，树立“大局观”的方法，第一是学习，第二还是学习。一方面我们应该认真学习世界历史，另一方面也要运用各种各样的信息正确认识世界的现状。比如说，我们如果想正确地把握地球环境问题，那就要学习一些宇宙的相关知识。高屋建瓴，因为在宇宙中才能够看清地球。

如果没有这种高屋建瓴、俯瞰全局之势，就不可能把握时代潮流和巨大变化，势必会出现判断上的错误。

培养“大局观”的具体办法多种多样，有的人重视读书，有的人重视与他人见面交谈，我则认为应时刻不忘本职工作，站在工作的立场上考虑问题，那种“临场感”是不容忽视的。

近年来，伴随着信息化社会的发展，我们可以亲眼看到和亲耳听到各种各样的信息，然后进行判断。但是，这个时候也不能忽视现场的“体验”，也就是亲身的感受。

为了捕捉时代和社会的变化，我们可以从媒体等获得各种各样的大量信息。与此同时，我们应该有对这些信息进行分析整理的能力，并且要有敢于抛弃这些信息的能力。

小结：要去创造可以提高"专业性"的平台；并用"大局观"去磨练能够捕捉现实的感性。

公司是“实现自我”的唯一场所

我认为，人能够从自己选择的工作中获得真正的充实感。

搞研究的，会在自己的研究成果问世后，得到莫大的满足；搞艺术的，会将创造出理想的作品视为自己的终极目标，除此之外，想必他们别无他求。

那么商务人士呢？其实也是如此！

在商海中遨游，商务人士也能够通过某种成就来获得充实感和满足感。这对于商务人士来说，就是至高的快乐了。

当然，这个社会上还有很多在投身商海的同时，也涉足其他领域的人，他们不仅在“老本行”中脱颖而出，就是跨界操刀也出类拔萃。

然而无论在兴趣爱好上有多大成就，也不及做一个商务人士所获得的充实感多吧。

我本人从学生时代就加入了合唱团，特别喜欢音乐和体育，这两种爱好一直保持到今天。但我却从未想过要在音乐或体育领域里获得某种成功。

因为作为欧力士的领导者，我认为自己存在的意义就是让公司变得更好，为社会贡献新的价值。

但这并不代表着我会随意浪费自己的休闲时间。

有时候我也偶尔会忘记时间，全心全意投入到兴趣爱好中。为了保持身心的良好状态，最好的方法就是让自己的大脑能够恰当地在“工作”与“爱好”中相互切换，玩的时候就全心全意地玩，工作的时候就聚精会神地工作，兴趣爱好其实也是工作的推动力。

当然，也有经营者表示，工作就是自己的全部人生，自己对工作外的任何事物都不感兴趣，那这样的人生未免也太乏味了些。

时不时给自己放个假，确保有足够的时间去体验“非日常”，尝试着关注工作外的事物，拓展一下自己的朋友圈，这样一来即便不刻意锻炼，脑子里的小抽屉也会增多，同时有可能带来事业上的新开拓。

人，是需要有一些“非日常”的时间来调节心情，恢复气力的。

因此，我建议大家，不要选择在假期里学一些平时想学却没时间学的东西，也不用去看那些平时想读但是没时间读的商业书籍，其实，这些事情完全可以安排进日常生活里。休假嘛，就要彻底关闭工作的开关，忘掉一切与工作相关的事情！

当然，在假期结束后，也要第一时间关闭休假的开关，重新精神抖擞地投入到工作中。

虽说在本书中，我还在其他章节阐述了“没必要玩命工作”。但是要想活得有充实感，就要在占据我们大半个人生的工作中找寻，努力工作，通过工作去赢得。

作为员工，努力工作不仅是回报公司的期待，也是实现人生目标的一种手段，所以越是努力工作，就会活得越充实，越有成就感。

只是实在没必要为工作下什么悲壮的决心，做出什么牺牲，要发自内心地觉得工作有趣，这样才不至于让我们人生半数以上的时间都感到枯燥，才会获得独一无二的幸福感。

大多数人都仅仅把公司当成了自己劳动的场所，但这个想法真是要改改了。公司是“实现自我”的唯一场所，秘诀就是将自己的热情投注到有趣的工作中。

小结：要想人生变得充实，就要想办法从占据了我们大半人生的工作中获得乐趣。

今天又是新的一天

“苟日新，日日新，又日新”是中国四书之一的《大学》里的句子，意思是今天要比昨天进步一点，明天要比今天进步一点，每天都要进步一点。

我个人认为，在面临各种课题和困难时，人都要坚持进步，不断地去挑战新事物。而这句话，恰如其分地概括了我的想法。

不拘泥于过去的成功经验，每天都全力以赴地向前冲，这才是能在激烈变革的社会里站稳脚跟的硬道理。

今天的工作进行得再顺利，也没人能保证明天不会碰钉子，所以要将每天都当成新的一天去面对、去挑战才行。

哪怕今天的工作成果是一百分，也不能总停留在今天沾沾自喜，到了明天，还得从零开始，所以要有一天下来清空为零的心理标准才行，要随时都能够从零开始，投入新一轮的创造中。

无论公司也好、个人也罢，都要有这样的心态，才能在瞬息万变的职场、商场中立足、站稳，大步向前。

要时刻告诉自己，“工作，就是从零开始创造新事物的过程”，在做正在进行的、有信心达到预定目标的工作的同时，心里也要有抛弃所有，从零开始的气概。

比如说，销售员拿下了租赁合同，而且一签就是好几年，这几年什么都不做也会自动有租金进账。

一般情况下，为了达成营业额，大多数公司都会将本年度预计收到的租金先计入收入。

但我偏不这样做。当然，这笔钱最终还是会入账，但我不会把这笔钱写进经营计划里。

如果在制订新一年度的经营计划时，还把上一年度就确定会收到的钱算进去垫底，会让大家放弃新的挑战，觉得不用争取也有现金入账，产生一种懈怠的心理。

从零开始，会激发人挑战自我，时刻带有危机感，才能敏感应对市场的变化和时代的潮流，才有可能抓住新的商机。

所以，每天都要告诉自己，“今天又是新的一天”。

最不好的状态，就是满足现状，每天麻木不仁地重复手头的工作，还以为这就是自己该做的事情。

所有人都应该铭记一句话——只有创作出新事物的才能称为

工作。

不应当满足于昨天的成绩，要把每一天都当成新的一天，全力以赴向前冲。

世界无时无刻不在变化，昨天流行的商品到了今天不一定仍被看好。商品的生命周期和服务的生命周期都比从前缩短了很多。抓不住变化的信号，还在提供与昨天一成不变的商品或服务的公司，迟早会从商业舞台上消失。

从这一点出发，欧力士不断挑战新领域，之所以能一直做出好成绩，也是因为不满足于现状，有着强烈的危机感，时刻关注着时代的变化，领先一步读懂社会的需求。

要记住，在商业社会里没有“到此为止”的完成时，要把每一天都当作新的一天来努力工作。

小结：不论昨天多么辉煌，都要铭记，今天“从零开始”。

别随便把公司当成自己的

28 岁那年，我从日绵实业株式会社（现双日株式会社）被调职到了新成立的 Orient Leasing Co.,Ltd.（欧力士集团的前身），成为创业成员之一。刚一调进去，我就对 Orient Leasing 有了很强的归属感，认定这是“自己的公司”。

在面对抉择的时候，我总会优先考虑，“这对公司是否有益”，现在回想起来，我一开始就是站在经营者的角度来工作的。

如今有很多年轻人刚进公司没多久，就开始用“我们公司”、“我那个公司”来称呼自己的公司。

但在我看来，这些年轻人未必拥有我当年对公司的那种感情。

当年，我是创业成员里唯一一个具备租赁知识的人，所以在被调动到 Orient Leasing 后，我立即有了“必须撑起整个公司”的战斗精神。尽管我是创业成员里最为年轻的，但这种对公司的责任意识却非常强烈。

当下的年轻人想的却是，“只要能进一个好公司，以后听从公司安排就行了”。也就是说，在他们的意识里，所谓的“自己的公司”，其实就是一个能给自己带来稳定收入的地方。

年轻人抱着这样的心态工作，即便被一路提拔至高层管理人员，仍不会改变心态。看到这样的状况我很是焦急。

如果能认识到公司只是社会托付给我们的组织，而不是我们自己的，想必就不会有上述状况出现吧！

在美国，公司做年度报告时，都会面向股东强调，“我们的公司”如何如何，就是加深股东们对“这个公司是我自己的公司”的认识，公司是股东的，公司的所有运营活动都是为了给股东谋取利益。

与此相对，日本的企业则更倾向于把公司视为公共的、社会的，如果像美国那样公开宣称公司是为股东牟利的，就会引起日本国民乃至整个社会的反感。

当然，美国式的股东资本主义也不是没有问题存在。

为了追求利益，股东容易把经营者逼入绝境，而经营者为了迎合股东需求则会通过不正当手段追求利益。比如 2001 年到 2002 年间发生的安然公司、世通公司的财务造假丑闻就是在这样的背景下产生的。

这些比较极端的造假行为暂且不谈，但是股东，特别是投资机构，近年来的确都把目光瞄准了短期获利市场，他们向公司施加压力，要求公司能够在短期内拿出成果。股东们作为“公司的主人”的意识正在逐渐稀薄，很多公司都被当成了短期买卖的对象，可以说，资本主义正在发生很大的变化。

面对来自股东们的压力，经营者不得不采取短期收益的路线，公司里开始缺乏那种能够为公司长远发展着想的人。这样下去，公司的前景自然就变得十分暗淡。与此同时，经营者身上还肩负着保护公司的重任。为了维持公司的经营，他们必须与追求短期利益的股东相互协调、相互妥协，寻求一个合适的中长期经营战略。

如果过分强调公司是股东的，就会令员工心里有“那我们员工怎样办”的想法，这也是公司为什么不能只追求短期利益，而需要有一个中长期的经营战略的意义所在。

在日本，所谓的“说话股东”（对经营指指点点）的形象总是被放大，可能是因为股东对经营指手画脚的做法与日本的经营风气难以融合的原因，大家的关注点都集中在了股东对经营的负面影响上，所以在日本明确宣称“本公司重视股东”的企业数量并无显著增长的趋势。

对于经营者来说，总是指手画脚的股东可能真的是令人不愉快的存在，但股东的建议有可能对实现中长期发展有益，所以不能一味地用否定的眼光看待他们。

总是给经营者施加压力的股东的确令人头疼，但这种压力其实也会恰到好处地带来一种紧张感，让经营者无法松懈，对公司的健全化发展也会发挥积极的作用。股东的意图里也不乏有对公司经营来说非常宝贵的东西。

所以，我希望年轻后辈们能扭转一下想法，不要把公司当成“我们的公司”，而要当成“股东和社会托付给我们的公司”，并时刻铭记这一点。

在此基础上，还要清楚，不是把自己托付给公司，而是公司被托付给了自己，同时如果还能有对股东负责的强烈意识，才是真正意义上的把公司当成自己的。

小结：公司是股东、社会托付给我们的，要有支撑起、背负起整个公司的意识。

工作要有一点娱乐精神

应以怎样的姿态去对待工作呢？

还真有人略带悲壮地回答“拼了老命”、“玩命干”！我能够理解他们对工作投入的态度，但这样的回答实在不是我想要的。

诚然，人活着，就得工作，工作是生活的一大重要组成部分，工作的首要目的是融入社会，为社会做出应有的贡献。

但如果说为了工作，得把自己的生活牺牲掉，得拼上老命才行，那就变得本末倒置了。要真的干工作干到没了命，可就是竹篮打水一场空了。

我觉得，不用玩命地工作，认真、努力，从容不迫，其实才更容易交出好的工作成果。

“大不了就是失败，又不会掉脑袋”，就应该以这种玩游戏时的娱乐心态来对待工作，这样才能迸发出积极的挑战欲，放松身心，放飞思路，也只有这样在工作上才有更大的空间。

如果把工作当成了全部，认为失败是不可原谅的，反倒会让人畏首畏尾，担心这样做不出成效，那样做看不到效果，因为担心失败而不敢也不愿挑战新事物，满心焦虑却又无从下手，有这样的心态自然交不出好答卷，只会让事情变得一团糟，陷入恶性循环。

对待工作，最为关键的，就是要游刃有余，有挑战新事物的勇气。万一失败了，也没什么大不了，下次做好就行，要能有这样积极的心态才可以。

不挑战、不作为也就不会失败，但这注定会使人一事无成，这样的心态要不得。

当上领导后甚至有可能陷入穷途末路、一筹莫展的绝境，让人萌生后悔的念头，“当初要是不那么干就好了”。但即便如此也要有一点娱乐精神，并在此基础上做出最好的发挥，这才是最重要的。

对于经营者来说，一旦失败，就会赔上全部身家，因此不大敢大刀阔斧地工作，生怕一个不小心就会失败，当然这其中也存在贷款制度上的问题，因为在申请贷款时要求经营者做个人担保。这就需要经营者更要拿出游刃有余的态度，把心态放宽，才能看清什么时候要冲，什么时候要悬崖勒马。

这些年来，欧力士不断大举进军新领域，一旦发现某个领域做不下去，就会立即收手，绝不恋战。

这种态度也招来不少嘲笑，说什么“欧力士看见好机会都想插一手，一旦发现苗头不对就立马撤”。但欧力士正因为一直保持着挑战新事物的态度，才会持续发展到今天。

谁都害怕失败，如果可以的话，永不失败是最理想的。但是，我认为，无论是企业还是个人，没经历过失败就不会有成长。

令人遗憾的是，最近，肯耐下性子培养年轻人的公司越来越少了，总是期待年轻人一进公司就能拿出成果。还有很多公司对待员工的失败非常苛刻。

即便是处在这样的环境下，我也希望年轻人能够尽可能地保持一个积极的心态，拿出一点娱乐精神来对待工作，勇于挑战，不要畏惧失败，即便因为一次失败而受到惩罚，但这种不惧挑战的工作态度终将得到肯定。

不畏惧失败的人，才会在机会来到时迅速做出反应，这样的人，一定会给公司带来成果。

小结：工作不需要卖命，需要的是用积极、乐观的心态去面对。

从今天开始坚持自主学习

在当今社会，很多刚进公司的新员工做完自我介绍后都会加上一句：“今后，我会在公司里努力学习的！”看上去很谦虚，很容易博得好感。

但在我看来，这样的员工越多，公司就越危险。因为这种想法本身就是错误的，因为公司是一个需要你将毕生所学发挥出来的地方，而不是一个负责给你灌输技能的教育机构。

当然，大多数企业都会投入一大笔费用用于培养员工，为员工提供研修的机会。欧力士也是如此，有各种各样的研修体制，供学习欲旺盛的员工们根据实际需求来选择，但归根结蒂，公司提供的研修体制，只是一种辅助手段而已。

一般来说，如果真的想学习，即便公司不能教，自己也会想办法看书学习，或者去认识这方面的人才，要懂得主动学习才可以。

最近流行起一个词，叫“过渡期”，意思是在学生时代，决定不了未来方向，混混沌沌地摸索，是没办法的事情，不能专心学习也是可以理解、可以原谅的，这种想法已经深植于社会了。

的确，犹豫不决可以说是学生的特权，我对此也不能直接否定，但说到底，考进大学是为了学习，而学生的本职工作也是学习。如今，在每年的应届毕业生当中，只有那么一小撮人称得上是具备一定战斗力的，可以立即投入工作的合格的社会人，其他大多数毕业生都是步入社会后被生计所迫，才不得不开始学习的。

所以，我要送给年轻人们一句话（刚进公司的新人或许会觉得这句话太过严肃、冷酷了）：“不要光想着靠公司培养，靠前辈们教，要从今天就开始学习，自主积极地去学习，自己给自己创造学习条件，并持之以恒。”

从广义上讲，工作就是一个不断学习的过程，步入社会以后，需要的不是爆发力，而是持久力。无论你所从事的工作多么微不足道，都要把每个细节视为一种机遇，放在宽广的视野中去思考看待。保持这样一种谦虚谨慎的学习姿态十分重要。同时，无论何时何地，都要带着问题意识，抱着“打破砂锅问到底”的精神。希望各位新人在今后的工作中不必在意涉及什么领域，锲而不舍地坚持做到这一点，扎实地从中一点一滴地积累专业知识。

打个比方，假设大家就职后进入公司会计部门担任的是税务处理工作，千万不可眼高手低，一定要将从事此项工作视为一种幸运，主动加强税务知识学习，同时又不囿于税务内容，积极涉足企业会计、管理会计等其他领域，开展横向对比研究，掌握不同专业方向的特点、不同和思维方式，扩大学习范围。可能的话，最好进行会计制度的国际比较学习，研究 IFRS、USGAAP 等的不同……这样，学习领域就会越拓越宽，视野也会越来越广。扎扎实实 3 年下来，你就会具备相当的专业水平。

希望年轻人们在今后的工作中，无论涉足的是什么领域，都要锲而不舍地坚持学习，扎实地从一点一滴中积累专业知识。

小结：不要被动地学习，而要主动去学习。

掌握英语了解世界

我的父亲曾经在美资商社工作过，受他的影响，我从小就对英语产生了浓厚的兴趣。在大学时，晚上我会到父亲就读过的英语夜校学习英语，大学毕业后又按照自己设定的目标，前往美国深造。

在美国我读的是华盛顿大学经营学硕士课程（MBA），那里的学习强度比想象中还要严酷许多。如果成绩不好，不仅仅会留级，甚至会被直接开除。所以我真是使上了吃奶的劲儿，用比美国本土同学多 3 倍的时间看课题，多 4 倍的时间写报告。

我听说该专业以前也有过几名日本留学生，但没有一个能够顺利毕业的，我当时就暗暗发誓，自己一定要成为该校 MBA 史上第一名顺利毕业的日本留学生。

MBA 的讲义是以辩论形式展开的，如果整堂课都争取不到发言权，就拿不到分数。刚开始话题还比较浅显，越到课程后半部分就越深入复杂，以我当时的能力根本跟不上，所以我也学乖了，总是抢着在课堂刚开始时发言。我就是在这样一种环境中，努力提高英语水平的。

苍天不负有心人，我毕业考试的分数，超过了录取博士课程的分数线。果然，努力的结果是看得见的。

或许是因为我有海外留学经验，在进入日绵实业集团（现双日株式会社）的第三年，就被选派到当时美国最大的设备综合租赁公司——US Leasing 公司。

虽然我是商学院毕业的，但一直以来都希望能从事贸易行业，所以连租赁业所需的最基本的金融知识都没有，完全是一窍不通。

US Leasing 公司的副董事长亨利・B・兴菲尔德为我找了两名斯巴达式教练，从周一到周五的课程都被安排得满满的，从最基础的“什么是利息”开始一一学起。

好在有华盛顿的两年留学经验，我很快就熟悉了美式学习技巧，白天做笔记，晚上回宾馆巩固消化，加深理解。一开始听到的都是陌生的专业术语，一周左右之后我就能参与业务讨论了。

每隔两三天，兴菲尔德先生就会在傍晚把我叫出去，来场突击测试，测试内容包括合同上的术语和租赁费用的计算方式等。如果我回答不上来，就会被他斥责一通。而当我为此感到沮丧时，他又会带我去喝一杯。

要成为全球性通用人才，英语是不可或缺的，而且这种倾向越来越明显。日本人口只占全球总人口的 2%，要想和其余 98% 的人沟通，我们是无法寄希望于他人的，不能期待全球 98% 的人都去拼命学习日语，所以，我们要依靠“世界语”，也就是英语。

伴随着全球化的深入，如今几乎所有的经济活动都与海外国家相关联。没有英语交流的能力，就不能与全球其他国家的人对等地交流。趁着还年轻，努力学好英语才是关键。

对于一般人来说，不必一定要追求说得和英美国家的人一样流畅，也不必像自己的母语一样运用自如。在我看来，语言能力的四个阶段依次为听、读、写和说。因此，只要能够比较到位地表达出意思就足够。在和外国人的交流中，要赢得对方的敬意，除了语言外，更多的是靠你自身的人格魅力。

如今，反而是非英语圈出身的合作伙伴间，越来越需要借助英语来沟通，所以只要具备最低限度的英语读写能力，能用英语对话就可以。希望大家拿出勇气，在工作中多使用英语，提高英语表达能力。

当然，如果要活跃在国际舞台上，只会英语是不够的，还需要再掌握一门外语，因为现在会说英语的人实在太多了。精通母语以外的两种语言，一定可以给自己争取到更大的舞台。

世界在发展，时代在变化，各国融合日益加深。未来，一切经济活动和商业行为都将面临“无国界化”。语言不通会成为国际化发展的最大障碍，交流不畅更会令人错失良机。要不断拓展自身的空间，就必须深知“黑发苦学”的重要性。

其实学习英语就如同创造财富一样，付出总有回报，而且能创造更多无法用金钱衡量的价值。不愿意学习英语或其他外语的人，要趁现在重新挑战自己。

小结：不会外语，会成为国际化人才的一大阻碍。

拓展与工作无关的人脉很重要

如果想获得更多有助于事业发展的信息，人脉资源很关键。人脉所能带来的种种益处数不胜数。我甚至认为，不掌握一定人脉的人，是根本坐不到企业领导的位子的。

一家企业的领导，即便发传单似的发名片，也不可能为自己拉来多少人脉。强大的人脉关系，需要长期性地，一步一步地积累，这样建立起来的人脉才有价值。

教我认识到人脉重要性的人，是我曾经的老上司，欧力士的第二任社长乾恒雄先生。当时，我是社长室室长，经常会与乾恒雄先生共同出席各种活动。有时候，我也会承担他的参谋角色和秘书工作。

乾恒雄先生出生于1910年，看上去很时髦、洒脱，骨子里却是一根筋的典型的“明治男子”。他比我整整大25岁，经常让我以社长代理的身份出席一些活动。当然，重要的会议或演讲都是他亲自出席、亲自发言的。

但是乾恒雄先生的兴趣爱好非常广泛，偶尔还会让我代表他去参加一些和工作没有直接关系的活动，比如新桥艺者的舞会等。

其实我本身的工作也很忙，遇到和工作没直接关系的活动，我也是能推就推。直到有一天，乾恒雄先生问我："为什么不去？"那时候的我还年轻，心气盛，回答的也很干脆："因为我觉得这与工作没什么关系。"

听我这么说，平时轻易不发火的乾恒雄先生也提高了嗓门："正因为这样，我才让你去的。也只有这样，你才能够接触到平时在工作中接触不到的人，人与人的交往，其实就是在经常见面中逐渐建立起来的。"

被这位就连我父亲都很佩服的老前辈训斥了一通后，我的态度和想法都有了180度的大转变，开始心甘情愿地积极出席各种活动，无论与工作有没有关联，总是尽可能地找机会认识更多的人。

多年下来，我的人脉之广让自己都感到惊讶，而且比一般人拥有更多的知己。就连我的秘书和妻子都觉得不可思议，"那个人你也认识啊？""你连他都认识啊！"对于现在的我来说，这些人脉才是最大的、不可替代的财富。

交朋友不能势利眼，也不能只交工作圈子里的，这样才能有效扩大人脉，开拓视野，这些最终都会反馈到工作业绩上来。

比如说，我受邀成为株式会社 Dream Incubator 的董事，堀纮一先生则担任会长，著名评论家田原总一郎也是董事之一，我们经常在董事会上碰面。

田原先生对世界的走向非常敏感，有着很强的好奇心，只要是他感兴趣的话题，就会千万百计地研究下去，非弄个明白不可。也正因为这样，我每次都很期待与他的见面，他知道太多我不了解的事物，每次见面都能给我带来新的刺激。

但说到企业的经营，田原先生就不如我专业了，所以我也能够告诉他很多他不擅长的。

想要汲取重要的信息，光从书本里找是找不到的，只有通过与他人交流才能获得更多、更直接的信息。1985 年 6 月，在乾恒雄先生的推荐下，我加入了经济同友会。在此之前，我都是站在一名金融业经营者的角度来观察社会动向、看待社会问题的，是经济同友会的同仁们为我开拓了视野，赋予我新的观察视角。

在加入经济同友会后，我结识了许多良师益友，包括时任经济同友会代表干事的日产汽车公司董事长石原俊先生、日商岩井公司董事长速水优先生等，从他们身上，我学到了许多宝贵的东西。USHIO电机公司董事长牛尾治朗先生所提倡的“市场主义宣言”，也唤起了我极大的共鸣。既要工作又要积极地进行社会活动，如何合理地分配时间，把握平衡呢？牛尾治朗先生给出的答案是：“要一半一半”，这句话我至今也在遵从着。

1994年4月，我被任命为经济同友会副代表干事，从此一干就是十年。在这十年间，我一边学习国家体制、政策，一边在此基础上向当局建言献策。经济同友会的意见和建议能够直达政府中枢，通过经济同友会的活动，我也结识了很多政客和知己，又为自己积累了一笔巨大的财富。

所以说，大家不要把跟他人接触、交往当成一件麻烦事儿，要尽可能地跟各行各业的人交流，这样做不仅有益于工作，也能丰富我们的人生。不要计较，不要挑剔，努力去扩大自己的交友圈吧！

小结：扩大人脉能够帮助你拓宽视野，丰富人生。

第二章

随我所想开辟前路

积极乐观的思维方式能够改变未来

参观完美国硅谷等地的企业，又见了很多美国著名的经营者，我的感觉就是，他们绝大多数都“不正常”，都不是一般人。这个“不正常”既不能说是好，也不能说是坏，只能说如果没有“不正常”，也就不会有今天的成就，也就不能创造出这么多新奇事物。

事实上，现今世界，就是由一群不肯循规蹈矩，不肯墨守成规的人创造的。

反观日本的年轻人，他们的生活态度很认真。认真并非缺点，却让年轻人整体上丧失了锐气，公司是实现自我的唯一场所，但日本的年轻人们虽身在公司，却没有任何挑战精神，没有实现自我的欲望，过于满足现状，人生格局太小。

大约是在两年前，我专门去了次美国，和有影响力的商界人士们进行了交流互动。我发现，不管年龄如何，身份怎样，他们每个人都有个相同之处，那就是始终保持着积极向上的心态。他们坚信经济形势正在稳步好转，从不对未来持有怀疑，整个国家都充满着乐观氛围。只要看一看美国城市的现状，你就会不断地感受到这一点。走进纽约，但凡知名餐饮店从来都是人满为患，一座难求。虽然个别评论家和经济学者也会表现出对未来经济走向的些许担忧，但美国经济界整体上展现出的依然是十分光明的前景。这和近来日本人自己都开始向“安倍经济学”投以质疑目光的现象差别甚远。

安倍首相自上台后，就推出了金融缓和政策，日本的通货紧缩也呈现出结束的征兆。然而即便在人们对“安倍经济学”充满期待的同时，脑子里也还存有疑问：“真能做到吗？”可见，“失去的二十年”所带来的停滞感，不是那么容易能从人们心头消除的。

或许正是因为被这样一种社会大氛围所笼罩，日本年轻人的群体性特征就变成了没朝气、没锐气，社会上也遍布着各类负能量词汇，“贫富差距大”、“高龄少子化”，这些都令本应支撑社会前进的日本年轻人，无法积极向上满怀希望地面对人生。

当今社会已经进入电子信息时代，作为沟通交流的重要手段，网络高度发达，我们没有任何理由拒绝和摈弃如此重要的现代化方式。虽然说网络选举的时代正逐步逼近，但日本年轻人对于政治还是一如既往地漠不关心。纵观日本现存的诸多社会制度，纳税、社会保障，以及未来财政赤字的解决等，无一不在对老年人倾斜，而这对年青一代就意味着不公平和不合理。换句话说，不同年龄阶层的社会保障待遇分化严重，现存的各类制度正是建立在将负担强加于年青一代的基础之上。如果面对如此不公的现实，年轻人还能视而不见和无动于衷，这可真就怪了。

我都迫切地期待年轻人能更加清醒地认识自己所处的社会位置，一旦意识到有所不公，应主动努力做出改善。既然年轻，就应该展现更多的霸气和反抗精神。但事实上，日本的年轻人却真坐得住，都不约而同地闭上了嘴，像个木头人一样，甚至不考虑通过自己手中的一票来改变现状，从来不去投票处行使自己的权利，这实在是匪夷所思。难道，他们就要这样被无力感吞噬下去吗？

作为一把“老骨头”，坦率地讲，我都不禁想大声呼吁：年轻人，行动起来！感到不公平就要用自己的力量去改变，发挥初生牛犊不怕虎的反抗精神！若没这种精气神，日本的经济怎么能搞上来，更加美好的社会更是无从谈起。

当下，报纸、杂志和电视等媒体充斥着否定日本社会的消极信息。作为公共监督角色，指出问题促进改善，让警钟长鸣，这是媒体存在的意义和形式之一。但是，如果只是“报忧不报喜”，一味地宣传负面消息，不免让人泄气和悲观。

其实，即便没有媒体的负面影响，日本人自身也存在乐于主动反省的习惯倾向。“过犹不及”，自省不是坏事，但是做过了头就成了自虐，这种现象在现实生活中比比皆是。如果日复一日笼罩在压抑的消极氛围中，就会演变成恶性循环，到最后自己都开始确信自身前途暗淡。而当所处的大环境变得不好时，日本人就认为那都是怪自己不好，从而消极地接受了不好的现状。

我认为，日本人，尤其是日本年轻人应当相信自己，相信自己的能力，相信未来还有其他可能，最关键的是要拿出“说干就干”的气概来。在做事前不要总往坏处想，考虑这样做会失败，那样做可能跌倒等，而要在脑子里为自己描绘一个壮阔的前景，要相信今天一定会比昨天好，要保持这种积极的心态，面向未来。

我认为，要想让日本经济摆脱消极的旋涡，改变年轻人的思维方式和生活态度才是最佳捷径。

通过与美国人的接触，我倒是觉得，日本年轻人真应该多学学现在的美国人，乐观、积极地做人、做事。如果全体日本人都能朝气蓬勃、活力四射，这个国家也不愁没有硅谷精英一样的“怪才”、“奇才”！

小结： 积极乐观地面对未来，就能摆脱停滞感、无力感。

“溜须拍马”也是必要的社会常识

想在工作上有所成就，是不是就应当把工作以外的因素纷纷排除，只专一于工作本身呢?

不，我不这么认为。在职场生涯中，请务必记住，无论哪个部门、哪个岗位，“人”始终是最基本的构成单位，只要人属于公司这个大组织，总会在意与上司、同事之间的人际关系和他们的评价。但只注重这些，而忽略了工作本身，那就是本末倒置。

明明自己的工作能力不行，还老在意周围对自己的评价，不断给上司“溜须拍马”，这样的人可能什么都干不成。但从另一方面讲，即使工作能力很强，却在“溜须拍马”上缺乏天分，那也有点令人担心。

请不要误解，这里所说的“溜须拍马”，不是毫无原则地一味奉承，而是让对方感到情绪愉快的恭维，是作为一个社会人应当具备的基本礼仪。

我当年在乾恒雄先生手底下工作的时候，每逢新年，我都会一大早就穿上晨礼服，在妻子的陪同下，前往乾恒雄先生家拜年。

在现在的年轻人眼里，一大早就梳洗打扮，还专门穿上晨礼服，连妻子也要一起出动前往上司家里拜年，属于溜须拍马的行为。但在当时的社会，这是理所应当的礼节性拜访，只是这种拜访比平时更为隆重一些。

给上司拜完年回到家后，就要准备迎接前来拜年的部下们了。因为是新年，所以大家全都抛开了工作开怀畅饮，推心置腹，甚至会不分上下老少地笑闹成一团，现在想想真是非常难得、快乐的回忆。

有一次，乾恒雄先生就指出："有的公司高层没来拜年。"他是这样说的："其实来不来给我拜年都无所谓，但拜年这个行为，是作为社会人的常识，不拜年的人，难免令人担心他对外也会做出些缺乏常识的事情。"乾恒雄先生所说的那位公司高层，大家对他的工作评价还是较高的，但他居然不拜年，还真是让我感到意外和吃惊。

"溜须拍马"这四个字，令人感觉有一层负面意义。但如果换成"恭维"呢？所谓"溜须拍马"也好，"恭维"也罢，换种角度，其实就是说这个人考虑周全，能够体恤他人，懂得说一些他人渴望听到的话。这是种形式上的礼仪，不能一竿子打翻，统统给予否定。

诚然，无论什么团体、什么组织、什么公司，都应该通过一个人的工作表现和工作内容来对其进行评价，而不是看会不会“溜须拍马”。但这并不代表就可以完全忽视这一作为社会人的基本常识。

“溜须拍马”或说“恭维”，也是身为一个合格社会人的必要条件，是能够很好地在一个团体、组织、公司里和大家彼此协调、相互合作的证明，是在现代商海里打拼的人不可或缺的能力！

需要注意的是，“溜须拍马”或说“恭维”，是必要条件，却并非绝对条件，这个才是大前提。有些人会天真地以为，只要跟周围的人搞好关系，就能在公司里坐稳，真是浅薄得可笑。

在大型企业正逐步废除“年功序列制”的今天，对一个人下最终判断还是要看工作成果的。

还有些人在工作上没有什么进展，就想靠旁门左道打开僵局，比如说在人际关系上下功夫，这是绝对不行的！当然，正常工作中款待合作伙伴和有着良好关系的老客户等情况除外。

我们需要警惕的是那些为了逃避工作问题，而企图利用公司内的人际关系做文章，趁机换掉他人的岗位，或者将责任转嫁到他人身上，又或者强行改变工作目的和方法的人。

如果不直视工作当中的问题，就不可能找到根本性的解决方案。以工作为中心考虑问题，才能找到真正想要的答案。用旁门左道来逃避，不但不会为自己加分，还会令自己错失成长的机会。

小结：“溜须拍马”是必要的社会常识，但不要妄想光靠人际关系来解决工作上的问题。

不要钻进“猫耳洞”

在企业里做员工，最难改变的是什么？我想，恐怕是摆脱纵向组织结构的思维和意识吧。

其实这并不是日本企业特有的问题，欧美的企业也是同样。一个企业在成立后，首先就要制定组织结构，明确各部门的责任，所有员工都要在这个组织结构里活动。

对于员工来说，进入公司后，首先就被要求看组织结构，明确自己的位置和职权范围，然后呢，员工就会开始“挖洞”，挖什么洞？“猫耳洞”！

在庞大的组织结构里工作的员工，会不自觉地为自己挖出一个“猫耳洞”，告诉自己要“保卫自己的阵地”，只偶尔探出头来看看四周，不愿意与其他同事互动，仿佛旁边“战壕”里的不是同事而是敌人一样。

他们认为自己与其他部门的同事毫无关系，所以要保持一定的距离，只有在发生利益冲突时，才会第一时间跳出来保卫自己的阵地。

是动物就都有保护自己地盘儿的习性，所以即便是生活在人类社会，一个组织里也很难摆脱纵向结构的思维和意识。

尤其是在日本，不想变化、不能变化的意识非常强，每个人都尽可能地维持现状，维持对自己有利的结构体系。

但是，随着国际化的不断深入，企业间的竞争变得越来越激烈。如果公司内部“部门主义”过强，就会严重影响公司的整体竞争力。

如果公司里各部门信息共享，不论在商品开发部门还是营业部门都最大限度地通力协作，那么这个公司就能发挥出综合实力，更上一个台阶。

既然我意识到了问题所在，那么大家肯定都认为，欧力士已经从僵硬化的“猫耳洞”里走出来了。但我认为，欧力士在这方面做的还很不够，不过欧力士一直在不断地尝试打破这种“部门主义”，哪怕这种尝试经常以失败告终。

尽管我平日里总是呼吁，“不要拘泥于组织结构”，但这种想法很难渗透到欧力士内部。要让所有员工都从“猫耳洞”里走出来，增强各部门之间的协作，实在比我想象的还要难以落实。

于是，我开始强调“矩阵式经营”，希望以此来打破公司内部根深蒂固的部门主义。

就像织布需要横线和竖线一样，我让全体员工都通过全国关系网，来推销集团内的所有产品和服务。在这个过程中，欢迎互相“侵犯领空”，相信这样做能够激活集团的国内外业务，有无限广阔的空间供其发挥。

但是令人忧心的是，“猫耳洞”现象不仅存在于日本的企业里，而且已经蔓延到了整个日本社会。

欧力士是日本金融业的一大巨头，却不在负责管理银行、保险事业的金融厅的管辖内，而是在经济产业省的监督之下。如果金融厅和经济产业省的管辖业务可以“横向组合”，那么企业的发展空间又会扩大许多。但现实却是两者各司其职，各有各的“猫耳洞”，真是令人又气又急。

我希望现在的年轻人，未来社会的主人公，不论从属于哪个组织结构，都能有清醒的认识，遵循自己的意愿，坚决不要再自掘“猫耳洞”，陷入“部门主义”的泥沼中。

如果年轻人有清醒的认识，坚持自己的意愿，则一定可以刺激周围的环境，给僵硬的组织结构带来一丝活力，同时也有利于自身的成长。

小结：摆脱“猫耳洞”意识，不仅有利于自身成长，也能良好改善僵硬的组织结构。

投身商海不能没有抱负

日本的当代年轻人，成长在一个物质丰裕的社会里，尽管也有一部分人在求学和求职的道路上不可避免地碰了钉子，但放眼全球，几乎没有哪个国家的年轻人，能像日本当代的年轻人这样，享受生活层面上的富足。

有利就有弊，由于日本当代年轻人享受着高品质的衣食住行，因此他们在精神层面上就显得有些脆弱了。比如那些从小到大顺风顺水，一路扶摇直上的企业精英们，往往只要经历一次失败，就会一蹶不振，丧失了所有信心，整日蜷缩在角落里，整个人都失去了存在感，从此就没有了斗志和干劲儿。

我认为，会变成这样，是因为他们对工作的热情不够，没有远大的抱负。我从他们身上看不到那种要通过工作来实现自我的气概。

比如说，美国大学生都非常热衷于自主创业。虽然说日本的

IT 行业在泡沫经济破裂前也有过那么一阵子的创业热潮，但现如今早已烟消云散了。

我也时常会遇到一些想自主创业的年轻人，但是一番接触下来，他们的表现往往都令我非常失望。他们只梦想着通过 IPO（首次公开募股）大赚一笔“快钱”，根本没有远大的志向。

当然，日本最近也出现了希望通过创业来改变社会的“社会型创业者”，这样的人有闯劲，也有理念与抱负，希望通过自己的努力来提高国家的发展与活力。但遗憾的是，这样的人实在太少，现实生活中很少能接触到。

客观来看，美国的年轻创业者也是鱼龙混杂的，绝非个个都有真才实学。但和日本相比唯一不同的是，美国的“龙”似乎更多些。重要的是，他们创业出的公司实力和质量还相当不错。

反观日本，同样是鱼龙混杂，但却令人难以抹消“鱼”稍稍多于“龙”的印象。整体而言，较之美国，日本的创业公司数量明显偏少，而且成功率较低。

我认为，企业的存在价值，就是要回馈社会，除此之外没有其他作用。企业就是要为社会创造更新、更好的东西，这才是企业存在的意义。换句话说，创造新的价值才是企业的职责。如果做不到这一点，就没有必要创业了。而且作为创业者，要把挣钱当成第二要务。

日本并不具备能真正培养出创业者的大环境，原因是日本的体制结构存在问题。有些创业者眼光独特，战略性强，所提创意很有发展前景。遗憾的是，无法得到有力的创业资本予以充分支持。再者，创业公司经过艰苦拼搏，终获一定成长，眼看着迎来一丝曙光，却苦于难觅资金来源，金融机构在发放贷款等支援方面的态度也十分保守。让创业者们苦恼的是，银行一般会要求贷款时提供担保或是个人保证。一旦创业失败，创业者们便要入围“黑名单”，彻底失去东山再起的机会和力量，这种心理上的恐惧也成为一种横亘于前的现实阻碍。

另外，要想挑战一下新领域，在日本的大型企业里工作也一样有尝试的机会，这也成为日本年轻人很少有创业热情的原因之一。有望未来成为国家和企业领军人物的精英人才，也大多将职业道路选定为进入政府和大型企业。他们一旦进入这样的大型组织，中途跳槽转而独立创业之人少之又少。在日本毅然投身创业的人，要能像一只和群体走散却依旧有气力和斗志的狼一样，能够单枪匹马、单打独斗。

相比之下，美国的情况恰好相反。优秀的精英人才未必将跻身名企或政府机关作为奋斗目标。反而，有斗志、有抱负的人大多选择自主创业。同时，美国的创业精英们又大多是 MBA 专业等科班出身，且受过创业相关教育。在日本，这样的人才又有多少呢？

尽管日本的年轻人们不爱创业，但日本的企业内部却存在创新改革的强大力量，比如日本物流业的巨头大和运输。纵观全球，像大和运输这样拥有顶级运作模式和业务体系的物流企业尚无他例，便利店也是如此，日益白热化的便利店竞争为人们的现代生活创造了莫大的便捷和舒适。除此之外，优衣库、吉野家等也都是极具代表性的日本企业。

日本大型企业的雄厚实力和巨大潜力是名副其实的，对此任何时候都不该有质疑。迄今，日本经济领域但凡出现新动向、新事物，绝大多数都来自精英云集的大型企业。得益于优秀的人才资源和管理体制，大型企业团队配合出众，形成强大合力，即便遭遇些许失败也从容淡定，并且能够承受风险性前期投资。可以说，深厚的底蕴和积淀正是创业公司望尘莫及的优势和强项。

那是不是说，以后只需把创新改革、创造新价值的任务交给现存的大型企业就可以了呢？

我认为不可。只靠现存企业的话，很难期待日本在产业上会有整体性的上升，如果日本无法孕育出创造新鲜事物的活力，整个社会都会因此陷入停滞，没有进步。

所以说，日本应该像美国一样，尽快打造一个能让“the Best and the Brightest”类的超一流人才自主创业的大环境。与此同时，我希望今后能有越来越多有抱负、有闯劲的年轻人出现，希望他们不再千篇一律地向大型企业“投怀送抱”，希望他们在不利的体系和环境下，也能向社会输出新的价值观。

小结：企业的目的是为社会创造新价值，期待能有越来越多的年轻人胸怀大志，勇于创业！

平衡好宏观与微观

宏观与微观，每当说起这个话题，就不可避免地要谈到“构造改革”。如今，随着经济全球化的不断推进，日本要想在国际市场中赢得一席之地，除了从宏观上进行构造改革、推进规制改革外，别无他法。

也就是说，国家应当尽可能地少干预经济活动，让市场原理可以在更大范围内发挥作用。我始终认为，一个能够让企业和个人充分发挥自身创意、尽情自由竞争的市场环境无比重要。行政手段的干预和管制越小，经济活动的效率就越高。民间企业经济活动本应是一项高度自由的行为，一旦特定企业凌驾于竞争和市场之上，形成地区垄断，就会导致经济效率低下。而且，企业依赖政府补助金为生的经济活动绝非市场希望看到的现象。这就是所谓的宏观。

那么，微观是什么呢？为了达到更有效的经营，必须有看重企业中长期效益的“股东资本主义”为基础，把市场评价作为经营的根本法则。

纵观全球企业经营，经营管理层与股东之间的利益关系分歧越来越大。在许多企业，团体型或机构型投资者往往是其大股东。他们虽然作为地位重要的控股人，但却仅仅看重短期效益，对企业的长远发展日渐失去热情和关心。

股东才是企业真正的持有者，而按照股东意志运营、为其创造更多利益是经营管理层的职责所在。企业既为自己所有，自然应该着眼长远，期盼企业能够实现持续性发展，这个道理和逻辑再简单不过。

然而，近来，社会上一种奇怪的现象正在蔓延。团体型、机构型投资者逐渐丧失对企业长远发展的重视和耐心，开始仅仅满足于获得短期利益。他们单纯追求利润的投资目的性更加明显，只关心短期内能否获得最大回报。

分析起来，鼓动投资方出现上述动机的有不少是金融投资分析师和基金经理人。他们出发点相对自私，并非都关注作为投资对象的企业的长远发展，而是想着如何最大程度地获取短期收益，从而为自己赚得丰厚回报。

受此干扰，如果经营管理层头脑发热，也陷入“短视”的陷阱，那么企业创造佳绩、一步一个脚印地壮大成长就无从谈起。在股份制经营模式中，经营管理层的角色决定着自身必须站在股东利益角度，持长远视角推动企业发展。

“股东资本主义”体系建立在投资者与经营管理层之间相辅相成、有机联动的关系基础之上，这一体系未来能否作为社会经济活动的核心模式实现正常运转和不断完善，其关键在于能否处理好投资者与经营管理层两者的合理关系。如果不能摈弃“短视”行为，那么实现经济健康发展势必变成一句空话。

换句话说，宏观与微观是车的两个轮子，如果运转顺利，就会让日本产业重新焕发活力。进而可以让日本经济在全球经济中获得强有力的存在感。

以上不仅是在展望日本经济、产业整体的发展时应具备的思维意识，即便是对每一位商务人士来说，保持宏观与微观的平衡也非常重要。

只从微观的角度看自己精通的领域和业内的事情是远远不够的。如果不从日本整体和全球经济、产业发展趋势等宏观的角度去看问题，可能会导致企业做出错误的决定。

做生意不存在偶然。就好像钓鱼一样，在抛下鱼线前要事先备好鱼饵，这样才能钓到大鱼。借用欧力士第二代社长乾恒雄先生的一句话，“要像金平糖一样”。不能单单做一个球形，要做就做像“金平糖”那样有多个触角的星星形。如果公司里的每位员工都能伸出自己的触角，有越接触新事物越兴奋的心态，那么公司整体就会变得高度敏感，就能不断获得最新的信息，有了这样的心态和准备，才可以钓到大鱼，才可能做成大生意。

每个员工都是公司的传感器，要具备将同时获取的大量信息汇总分析后，做出取舍的能力。如果公司不能处理微观信息，就不能对信息所持有的价值做出正确判断，也就很容易错过商机。

而不论伸出多少触角，如果只会像近视眼看事物那样去判断，不从宏观的角度分析，一旦出现变革，企业就会束手无策。

接下来会有怎样的变革？企业的未来方向在哪里？要想心里有数，就要始终关注企业的外部大环境。

我经常强调，要在商业社会里生存下去，必须有“专业性”和“大局观”，说的就是这个道理。

通过磨炼这两种感觉，自己就能成为一台高效的“信息处理器”，强有力地发挥功效。

现在是一个无用信息横飞的年代，即便你查遍网络，能获得的，也不过是类似产品说明书一样简单直白的信息。像这样的信息，索性彻底放弃了好。

这时，如果自己有磨炼得很好的信息分辨能力，能从宏观和微观两方面的角度去看待问题，就能掌握真正有价值的信息。

初出茅庐的社会人往往只能从微观的角度处理眼前的事物，觉得只要眼前的事物能对付过去就可以了。但我相信，只要肯下决心努力地训练自己从宏观角度看问题，一定可以在职场生涯步步高升。

放宽视野，努力提升自己对信息的捕捉能力和敏感度，不仅要能从微观角度看问题，更要培养自己从宏观角度看问题，这种能力非常关键。

小结：微观和宏观，两手抓两手都要硬，这样才能在信息时代捕捉到真正有价值的信息。

“既得利益者”不会成长

企业一般都希望尽可能地发展可持续性合作，只要设法增加一些长期稳定的订单，就有安定且持久的利益来源，所以企业选择在这方面下功夫也是可以理解的。

为了维护安定且持久的利益来源，企业不仅要提升商品质量和服务价值，还要和客户构筑更深入的合作关系，比如要和客户企业里的“实权派”打好关系，让对方在有交易时，能第一个想到自己，又或者设法排除其他竞争对手等，负责这项工作的人的辛苦可想而知。

但一旦铺就好这么一条道路，和对方公司打好关系基础，只要平时走动走动，就能每年在固定的时期接到固定的订单。

但是这种规律性的交易进来的越多，其实企业本身的竞争力就越容易减弱。因为不用太多努力，就有稳定的利益进账，也就是“既得利益”。对于企业来说，这种“既得利益”越多，一线员工争取新合作、开拓新业务的意欲就越容易变低，挑战欲也自然随之大打折扣。

因为有“既得利益”，所以会让很多大企业不必担心与同类企业竞争，于是需要新的事业提案的机会就越来越少，员工只会做些墨守成规的工作，长此以往，企业内部就无法锻炼员工在应对市场变化时的能力，也没有应对的经验，逐渐就会被市场的变化和时代的潮流所淘汰。而当企业终于认识到这个问题时，往往是在完全失去了差异优势后，变成了一个毫无竞争力的企业。

不仅如此，作为企业，一旦那些稳定的利益来源消失，失去了“既得利益”，就会连从零开始，从头再来的气力也随之消失，只剩下被市场淘汰的命运。

员工也是同样，在有“既得利益”的企业里工作，不用为了提高营业业绩而拼命努力，想出各种对策，也不会为了提高自己而钻研学习，一段时间下来，这样的员工就会成为劳动力市场上的“无用之人”，一旦走出企业大门，或是一旦企业关门，就等于失去了谋生能力，就像是出生成长于动物园的猛兽，成年后被放归了山林一样。

不过，虽然说“既得利益”会使企业竞争力下降，阻碍员工成长，但是对于一个企业来说，保障稳定的利益来源是亘古不变的命题，能争取到的利益自然要努力把握住。但我奉劝大家，不要在获得“既得利益”后就满足于数字，要不断地挑战新事物、新领域，努力让企业持续性成长。要时刻保持挑战的意欲和姿态，不然不仅不能维持现状，还可能走上衰退的道路。

在日本这个国家，还充斥着保护“既得利益”的浓厚氛围。各种各样的规制就如同一张大网一般，在制度上人为地给民营企业设置多种限制领域。在那些不允许民营企业进入的特定领域中，不存在竞争关系，所以特定领域里的企业或个人就悠然自得地享受着“既得利益”。

庞大的“既得利益”群体已经严重阻碍了日本国内经济的进一步发展，政府应坚决予以破除，为所有民营企业提供平等自由的竞争环境，进而使其能够创造更高的社会价值。换句话说，这一政策的核心就是体制改革。纵观日本国内，传统体制设置的各种“门槛”多如牛毛。时至今日，仍有很多领域因制度限制无法正常开展自由竞争，无情地将民营企业拒之门外。在这些没有竞争、缺乏活力的领域里，特定的受益企业丝毫没有生存压力和忧患意识，不愠不火地慢慢挪步，最终拖了日本整体生产率的后腿，成为严重阻碍经济发展的“拦路虎”。立足日本的国家发展大局，打破各种陈旧壁垒的体制改革始终是重中之重。

在日本但凡改革，势必经历反复研讨和漫长讨论。过程固然重要，关键则是最终如何归纳形成文字性的建议。同时，各个政府部门如果对此难以统一意见，又该如何有效沟通、通过何种程序最终拿出结论？这是一个十分重要的论题，必须做好事前规划。简而言之，无论建议多么富有远见卓识，不能被政府合理采纳并付诸实施，都不过是一纸空文。

说到这里，想起自己曾经参与助推日本政府体制改革工作的一些事情。虽然已经过去多年，但就个人经验而言，当时的改革流程十分清晰，即“改革会议所提建议通过内阁决议被采纳是关键，而后才有可能转为实际政策交由各个中央部门落实”。当然，能够通过内阁决议的一定是具有重大参考价值、不容忽视的建议。在推进过程中，改革会议也与有关多个中央部门进行了细致的沟通和反复的交涉。虽然过程艰难，但好在事态一直缓慢向前发展。那时，我原本认为改革进度迟迟处于“匍匐”状态，对其不持乐观态度，所幸还是有所进展的。所以，今后我也会继续大声呼吁日本的体制改革。

小结：依赖“既得利益”，会阻碍个人和企业的成长。

重大决定不要留在晚上做

不论是谁，只要在工作，都会面临各种必须要解决的问题。有时候回到家，思来想去，努力想找到一个答案，不知不觉就迎来了翌日清晨的第一束晨光。

其实我从前就是这样，特别是在担任社长，扛起公司的重任后，不仅白天很忙，连不想被打扰的晚上也要为公司发展思前想后，急需解决的问题实在是太多了，不得不趁着晚上万籁俱寂的时候找出一个解决方案。

尤其是遇到那些可能动摇公司根本，或是与经营核心相关的问题，就会想睡也睡不着，索性放弃睡眠时间，考虑一个通宵。

也算是“苍天不负有心人”吧，很多问题在一番苦思冥想下，伴随着窗外的曙光，我脑子里也涌出了好点子。

有了好点子，人也就放松了，也只有在这个时候，才会感觉到身体和头脑都被一夜的疲劳吞没，才终于有了点儿睡意。

但当我补一小觉醒来后，往往会发现刚刚还自认为费尽心思想出的“最佳解决方案”，其实是“毫无价值”的。

萌生于“黑暗中的思考”，大多是些不成熟的思考。当家人都已入睡，只留你一人苦思冥想，人的思维就容易向着消极的方向活动，在令自己都难以置信的悲观情绪下，在凭空想出的最差的前提下，得出一个消极的结论。因为消极的思维，只能作出消极的结论。

比如说某天晚上，我开始为一个新项目的负责人人选发愁，“那个人合适吗？他能担此重任吗？”我完全是在一种不信任的前提下展开思维的。

但到了早上，那明晃晃的阳光就仿佛照在了我的心上，面对同样的人选问题，我想的是“那个人能力很优秀，虽然新项目有难度，但相信他会竭尽全力的！”和我晚上的思维方式截然不同。

看来，人体还是要遵循自然规律，阳光普照，人就有了朝气，就连内心都一片光明，而背离了太阳，人就连思维都变得暮气沉沉。要想得出一个成熟的解决方案，还是要在早睡早起、按时吃饭的前提下才可以。

想明白了这些，我就放弃了晚上思考问题的习惯，开始按时入睡，心无旁骛，这样一段时间下来，就连身体都好了，脑子转得也更快，一些难题也自然而然地迎刃而解，不用那么煞费苦心地整夜思考了。

以我的经验，如果是在白天都感到棘手的问题，就不要让自己一直坐在办公桌前，整天盯着数据和资料看，看得再多也不会想出好的解决方案。

这时，最好是把那些数据和资料都记到脑子里，然后换一个环境，可以到外面散散步，跟不同的人聊聊天，保持开拓的视野和心胸，别把自己逼得太紧。如此一来，人就容易走出怀疑和悲观的情绪，切换成信任与积极的思维方式，好的想法就会像瓜藤蔓延一般，连续不断地跳跃出来，就能考虑到方方面面，同时想出一个更有弹性的决策。

要找这样的一个地方也简单，我推荐高尔夫球场，那里阳光充足、环境优美、视野开阔。不过，因为总是思考着事情挥球杆，高尔夫的水平是别想会有长进了！

小结：“黑暗中的思考”大多不全面，不深刻，重大的决定最好留在白天去做。

始终牢记公司不会照顾你

在日复一日的职业生涯中，有一件事要时刻铭记心头——公司不仅不会照顾你的人生，反而需要你时刻考虑自己能为公司付出多少。

欧力士是从零起步的企业。万事开头难，欧力士要做的租赁业务，在当时的日本还是一个全新的领域，必须冲在第一线，开拓一片前所未有的市场。

在欧力士刚刚起步时，如何营造一个士气高涨的团队氛围，是当时的社长乾恒雄先生最为苦恼的事。12 名员工分别来自不同的商社和银行，而这其中有些原本还是竞争关系，所以大家相处起来难免有些别别扭扭，为了解决问题，乾恒雄先生做出了一个大胆的决断，找每个员工单独面谈："你有没有在这个公司长干的打算？有的话，就横下心一起打造一个真正属于自己的公司吧！"

直到创业的第二年，欧力士才开始招聘应届毕业生。我们共录用了4名男性新员工，跟其他应届毕业生相比，他们有些“另类”，不做公务员也不想进大公司，就一心一意地想到一个刚起步的新公司里大展拳脚。而这，正是我们所需要的。

伴随着欧力士的上市，公司的社会知名度越来越高，因为追求稳定工作岗位而前来求职的年轻人也多了起来。

日本社会大多将欧力士视为一个较为严格的公司（尽管我本人不这么觉得），所以真正想追求稳定的人，应该优先去其他的金融机构或者银行。尽管如此，我也能从很多现象上，看出日本年轻人在求职道路上的趋势变化。

有不少应届毕业生在进入欧力士后都会跟我说：“非常庆幸自己进入了一个好公司！”说实话，这话听在耳里，我一点都不欣喜。在我看来，这都是态度不慎重的表述。

找到一个工作岗位不应该是奋斗的终点，而是刚刚站在了起跑线上，就业后是否努力才是影响后半生走势的决定因素。

如今的日本社会非常安定，特别是在经济腾飞的年代，终生雇佣、年功序列等制度都保护着上班族的利益。但我不禁想问：这样的招聘模式真的适应时代发展吗？

记得我上大学三四年级时，全国企业集中举行校园招聘考试，并结合学生毕业时期的表现予以录用。这是战后日本企业形成的统一招聘模式，现在已经作为固定模式融为日本社会机制的组成部分。不可否认，在日本制造业曾经的黄金时期，即批量生产时代，这是最理想的招聘模式。

20世纪50年代至80年代，日本作为世界重要的生产基地，大量需要可以实现统一标准化作业、制造高品质商品的劳动力。因此，对于企业而言，符合企业风格、高质、整齐划一的人才最为理想。于是，企业大量从校园招聘如同一张白纸般的新人，组织他们从零开始培训，为其统一着色，让毫无经验的学生迅速从校园步入职场，高效转化成生产力。

在这种模式下，从企业所谓的内部力学角度讲，哪一年就职对于员工的职业生涯具有重要而特殊的意义。同期就职的人同吃同住，共同参加研修培训，共同升职，战斗友谊一直持续到退休。

然而，这样的量产时代早就一去不复返。进入21世纪，日本发展成为知识集约型社会，人才需求也应紧随世界潮流而动。早在几年之前，日本就已提出应当走价值社会发展路线，让每个人能各尽其才。要实现新的突破和成长，独具特色的各类专业人才不可或缺。无论是阅历丰富的中年人，还是略带青涩的年轻人，只要置身商界，就没有人不明白这个道理。时代在进步，人们的观念和意识也在发生改变，可这种陈旧的统一的校园招聘模式却没有一丁点要改善的动静，真是令人费解。

其实，欧力士也未能免俗。在刚刚过去的 4 月 1 日，就如同全国大多数企业一样，欧力士也迎来了自己的新员工们。如今，他（她）们正在接受统一的“欧力士式”就职研修和培训。只是幸运的是，欧力士已经在朝着积极的方向变化，录用有过工作经验的员工人数远远超过了录用应届毕业生的人数，这些人可随时进入欧力士，不用参加任何形式的就职仪式和研修培训。我由衷地期待着这样的趋势能够日益扩大。因为唯有如此，日本企业才能真正扎根于知识集约型社会，求得真正的新型人才。

我时常在公司内部发牢骚，说就算撤掉负责招聘的人事部，欧力士也能顺利发展。假如抛开现实难度和无奈之处，我会建议企业采用量身定制型的招聘模式。

什么叫量身定制型，就是摈弃整齐划一的校园招聘模式，由各业务部门的一线负责人根据实际情况，有针对性地确定所需人才类型，并且亲自下去招兵买马。

同样，对于求职的学生而言，最理想的，就是选就业单位时不看名气大小，而是在基于对自身才能和未来方向的清醒认识上选择东家。过分在意所谓的“企业排行榜”不是什么聪明之举。

在我的学生时代，日本的炭矿、纺织企业是香饽饽，非一流名门大学毕业的人很难跃入龙门。然而时代的发展早已改变了传统产业的结构，昔日的辉煌和人气也黯然失色。因此，与其费尽心思琢磨怎样能进入排行榜前几位的企业，不如切实了解自身需求，适应时代变化，进入最适合的环境工作。

如果应届毕业生们真的能够根据自身才能来选择就业单位的话，哪年进入公司都不重要。公司一年 365 天，每天都有可能迎进新的员工。

日本企业应该尽早觉悟，现存的招聘模式已经与全球化商业模式格格不入，到了重新思考这样下去还是否能适应全球化竞争的时候了。目前有一部分专业性强或者是创新型的企业已经采用了这种方式，我相信大企业和老牌企业也会渐渐采取这种“量身定制型”的招聘方式。

这就需要今后的年轻人，在找工作时，不要光看是不是名企，或者工作是否稳定来选择就业单位，而要多考虑究竟什么样的公司适合发挥自己的技能和能力，这样才能找到合适自己的工作。

未来是一个重视个人能力、技能和业绩的时代。抱着“大树底下好乘凉”的想法很难生存下去，锻炼自己应对任何变化的能力，才是取得成功的王道。

小结：不要想着靠公司，而要成为公司的依靠。

第三章

拥有俯瞰时代的视角

如何解读时代

无论是公司还是个人，要想持续性地发展、成长，就要懂得如何驾驭时代的趋势。人们经常说，要学会解读时代，但事实上，这个“解读”可真不好学。

美国就有一个现成的例子。在美国社会的发展变化中，人们的交通工具由敞篷马车变成了火车，又从火车变成了汽车。但在这个过程中，就没有一家铁道公司发展汽车业的。

按道理来说，能够构筑起“铁道王国”的企业不应该察觉不到时代的发展趋势将会把汽车行业推向高潮。但事实上，没有一家铁道公司“解读”到这一点。

飞机产业也是一样，当飞机成为越来越重要的交通工具和运输工具，除了德国的宝马外，只有那么几家汽车制造商“解读”到了这一趋势。

日本的零售业也出现了同样的现象。以前零售业的核心是百货商店，但超市后来居上，夺取了零售业第一的宝座。尽管百货商店想要重振雄风，也加入到了超市业的行列，但这种转型尝试大多以失败告终。

而超市业呢，则不仅成功席卷了零售业，还能先一步“解读”时代，预测到 24 小时便利店将大放异彩，并成功地分得一杯羹。

在新的变革或新的消费模式登场后，社会将随之发生怎样的变化呢？能够及时且正确地进行“解读”的企业，才不至于被商海的激流所吞没。日本的超市业就是一个成功的例子，而百货行业则是反面教材。

而且对于不同行业和经营内容来说，“解读”的时间轴也不一样。

比如航空设备产业，就是一个要放眼未来，在较长时间轴上“解读”时代的行业。波音公司在 20 多年前就预想到了未来社会对飞机的大量需求，因此他们以此为努力方向，进行了巨额的先行投资。这投资可能在十年内都看不到任何成本回收。这就是航空设备产业的常态。

但对于其他行业来说，在进行巨额投资前，首先要考虑的就是何时能看到成本回收。比如像欧力士这样的金融服务业，就不能以十年为时间轴来“解读”时代，因为金融服务业瞬息万变，每天的大环境都不同，不断地变化，才是这个行业的常态。如果站在某一个特定的时间点上描绘未来发展蓝图，很快就会发现错误百出。

所以单就金融服务业而言，不能去预测十步或二十步后的变化，而要预测到“半步之后”的才行。

经营活动最重要的三大因素，就是掌握“时代”、“技术”和“社会体系”，这样才能看清未来的发展趋势。可能根据行业的不同，三大要素的关注率也会各不相同，但如何正确“解读”这些要素，始终是企业制胜的关键。

我希望大家不要只关心自己行业的三大因素，而要时刻关注整体的“技术”和“社会体系”，这样既有助于把握时代的脉搏，也能锻炼自己看清企业在时代中所处的位置。

也就是说，要想正确“解读”时代，不仅要时刻关注和自己所在企业、所做业务相关的变革和解决方案，还要时刻关注社会构造上的变化。因为社会构造上的变化会给社会制度、人口增减、生活习惯、消费行动等也带来一系列的变化。

要想掌握时代的走向是非常困难的，但正因为困难，我们才更应该每时每刻都关注市场大环境，帮助公司自我定位，该出手时就出手。

小结：解读时代非常困难，要从现在开始锻炼自己的观察力。

为何我能察觉到泡沫要破灭

前文说到“如何解读时代”这个话题。在日本社会，一谈到“如何解读时代”，就必定会有“欧力士”三个字出现。因为在日本泡沫经济期间，欧力士较早地从房地产行业抽身，泡沫经济破灭后所受到的冲击也相对较小。

事实上，从 1993 年起，欧力士集团收益结算连续 3 期持续减少，创下了历史新低。毋庸置疑，这就是日本泡沫经济破灭所带来的阵痛。当时，不仅仅是非银行机构，证券公司、银行等也接连破产。而欧力士仅以收益减少这样甚微的代价度过了危机。

那是不是就像人们想象的那样，欧力士是因为正确地“解读”了时代，所以能够及时撤出房地产事业呢？

其实并不是这样。直到泡沫经济中期，欧力士都和其他企业一样，在泡沫经济的激流中随波逐流。那是一个没经历过的人无法想象的年代，社会上充满了花样百出的发财之道，似乎做什么都能大赚特赚，有很多都可以说是脱离常理、荒唐至极。我还清晰地记得，当时某证券公司的高管一个劲儿地劝我多投资，还答应只要我们肯掏钱，就给高额回报，我要求对方出一份书面保证，对方说出不了，但可以在名片上记上一笔。当然，我是不会碰这类的投资理财项目的。

在这样一种看似大好的形势下，作为欧力士的CEO，要喊“前进”那真是一呼百应，要喊“撤退”，却是会遭受质疑的。

那么，为什么我能做出“撤退”的决定呢？我想，这是因为在激流中随波逐流的同时，我始终能保持那份冷静，不时地自问：“这样下去真的行吗？”

截至20世纪80年代中期，欧力士都在大力开拓房地产金融业务，面向个人消费者提供住宅融资服务，面向企业提供房地产信用贷款服务，当时单身公寓投资领域也呈现出利好势头。

看到公司在房地产金融领域业务日益扩大，咨询顾问公司都来谏言，建议可把眼光瞄准国道一号线沿线的房子，不必在意地段如何，抓住什么就买什么。公司认为这种做法已经脱离真正业务的范畴，便予以婉拒。不想，这些公司今天遭到拒绝，明天又登门，不厌其烦地费尽口舌建议我们进军单身公寓市场。

进入20世纪80年代后半期，整个金融界爆发全域性的“借贷竞争”，欧力士也未能幸免，被卷入其中。这场风暴是租赁公司、住宅金融专业公司和银行之间的融资竞争，可谓金融版的“三国演义”。竞争愈演愈烈，原本理应严肃、苛刻的融资条件变得越来越宽松甚至不合常理。

正值此时，某位银行行长的一句话引起了我的注意。他说：“日本银行（日本的中央银行）如此大幅实行金融宽松政策，物价却迟迟没有上涨，这太不正常了。”

就是这样的一句话，你可以把它视为聊天中的一句闲话，也可以把它视为混沌中的警钟。如何抉择，最终就成为了在泡沫经济中欧力士和其他企业不同结局的分歧点。

泡沫经济时期的房地产行业赚钱很快，都是大额交易，所带来的利润也大，因此当时日本的金融公司都一股脑地开始投资房地产。但事实正如那位银行行长所说，光见股市和房地产价格疯长，物价却没有随之增长，是很奇怪的现象，这令我深感不安。

于是，我决定对担保房地产实施保守评估，把估价率降到七成。

与此不同，其他公司依然保持乐观看法积极推进。某都市银行对房地产融资实施高达100%的估价率，这意味着完全放弃手中资金。甚至有一家非银行机构竟然启动了期限为100年的房地产贷款项目。目睹这些现象，与其说是分析，不如说是直觉告诉我，问题已经突破了危险的“红线”，再这样和别人一样沉陷其中，可能会令公司基业毁于一旦。我当机立断，在公司发布内部指示，要求收紧房地产金融业务。

号令一出，立刻遭到公司内外的强烈质疑和反对。以房地产部门为中心，呼吁撤回缩小房地产金融业务号令的呼声四起。反对者们亲眼看见业内其他竞争对手纷纷大步朝前迈进，无论如何不可能接受自己公司“背道而行”。显而易见，面对他们，道理是说不通的。年轻气盛的我并未让步，依然坚持原有决定。终于，一些房地产部门的高管按捺不住，开始领着部下辞职，又或者高薪跳槽到竞争对手公司。

在我的坚持下，和同类企业相比，欧力士提早一年明智地撤出房地产市场，总算安稳度过了泡沫经济危机。伴随泡沫经济的终结，经历了动荡不安的金融界已经是遍体鳞伤。负面影响也开始波及证券公司和银行，不少昔日的同行和竞争对手都不堪重负，被迫倒闭。

若像平常一样思考行事，欧力士的房地产“撤退”可能不会如此理想。能在激流中下达“撤退”号令，应该说靠的是长期经验累积下的直觉反应。

不仅日本的经济界没能在泡沫经济中正确“解读”时代，日本的政治中枢——“霞关”也没能做到。政府不加深思地将泡沫经济推向破灭已是失策，面对惨痛的现实，不愿正视错误，长年无所作为，让各种问题放任自流，导致财政赤字积重难返，引发慢性通货紧缩，使日本经济陷入长期停滞低迷状态。历史的教训一再告诉我们，一旦经济之舵的方向转错，国家就会误入歧途，走向沉沦。

我认为，商海里浮沉，企业的经营活动应该紧跟时代趋势，敏感地捕捉经济的跃动，比其他企业抢先一步输出时代真正需要的产品或信息。与此同时，要始终保持头脑冷静，带着一种危机感的审视来时路，时不时地自问，这样一路加速行不行？会不会遇到危机?

一方面要求大家尽早察觉时代的变化，并随之采取敏捷的行动；另一方面又要求大家细心注意，回避风险。这两种立场看似相反，但只有同时培养这两种感觉，才能客观地判断时代的变化，才能得到时代所带来的恩惠。

小结：对于时代的潮流和变革，既要保持敏感，也要保持怀疑。

市场经济就是“优胜劣汰”

在市场经济中，谁能为顾客提供满意的商品，谁就可以作为优质企业生存下去，而做不到的企业将会被市场淘汰。

也就是说，在市场经济下，是顾客在挑选、决定企业的优胜劣汰，而不是企业靠自身的强弱来一决胜负。尽管如此，人们往往将市场经济理解为“弱肉强食”的世界，认为规模小的企业终究要被规模大的企业所吞并。

当然，市场经济下，一切商业活动都存在竞争，所以不能完全杜绝大公司故意排挤小公司的现象。但是在健全的市场环境中，无论企业规模大小，只要能让顾客满意，能为顾客提供有价值的商品，就能获胜。

换句话说，在市场经济下，只有赢得顾客最高评价的公司，才能成为最后的赢家。

但在日本却存在着一种“不可思议”的企业，它们明明长期经营不善，业绩恶化，且无任何改善征兆，却能既不破产，也不败退。它们有个形象的名称——“僵尸企业”。这里，我想就此与各位探讨一下。

真正的市场规则，就是优胜劣汰。一旦业绩不佳，难以立足，企业就须淘汰出局。说的积极一点，败退的经营者应正视事实，并重整旗鼓，以求东山再起。遗憾的是，日本存在一种极其恶劣的金融体制，企业即便经营不善，甚至长期赤字，毫无存续意义时，政府出台的相关政策却总是充当救世主的角色，打破正常的市场竞争规则。一言以蔽之，日本存在某种意义上的“平均主义”，不认为哪个企业应该被淘汰。

如果列举最近的一个例子，当属《中小企业金融促进法》。该法颁布于2009年11月末，2013年3月已经正式期满结束。根据该法，从银行等金融机构贷款却又无力偿还的中小企业只要提出申请，金融机构就会尽最大限度调整贷款条件，抑制不良债权发生。究其后果，无力偿还的贷款因条件更改而又获重生，企业也幸免于难。

显而易见，政府通过法律向金融机构提出要求，令其保护难以盈利、资金周转调度困难的企业免于破产的命运。与其说这是一种市场行为，不如说更像是伸出援助之手的社会公共服务。金融机构明明背负着潜在的不良资产风险，却无法正常抵债拍卖收回。贷款企业苟延残喘，却又近乎疯狂地竭力维持经营。它们明白，无论收益多低，亏损多高，都不会被淘汰，因为政府不会见死不救。

救活了濒临倒闭的企业，后果却是有百害而无一利。本应淘汰出局的企业得以存续，导致业内出现过度竞争，本应脱颖而出的优秀企业被迫卷入，额外耗费大量宝贵成本和资源，最终削弱了日本的整体产业实力。堪忧的是，过度内耗严重阻碍了优秀企业的成长，更别说要走出国门，参与全球化了。

或许有人反驳：美国曾经不也是由政府出面救助通用和克莱斯勒这两家汽车公司的吗？这又该如何解释呢？是的，美国的确这样做过。但这出于政府判断出手相救利于维护国家利益，完全属于紧急状态下万不得已之举。从历史上看，美国政府上述救企行为实属罕见，与日本这种司空见惯且适用范围极广的做法有着本质区别。

可以说，日本市场无时无刻不处在这样救企、救市的法律、制度和机构的重重包围之中。

比如说，日本有重生机构、革新机构和支援机构等大量的所谓援助部门，在破产法制和债务整顿问题上为企业出谋划策，而且“尽心尽责”，助其不被淘汰出局。换句话说，业绩不振的企业想彻底抽身退出都难。这种做法的最大弊端在于，从竞争结果看，市场其实已经否定了不良企业的经营团队能力。然而，在不应有的庇护之下，劣质管理和运营却得以存活。

这不禁令人深思，这种“救企”体制真的能够推动经济强劲发展吗？如前所述，市场竞争等于优胜劣汰。每个企业都必须置身残酷的市场竞争中，直面业绩不佳甚至是倒闭的风险。适者生存，弱者退出。这就是市场原本应有的游戏规则。劣者淘汰出局，强者更加强大，不断提高收益，进一步拓展业务，方可最大限度贡献于社会发展。常言道，最好的对手也是最好的朋友。企业力求自身壮大，树立更高目标，与强劲的对手在相互切磋与竞争中共同成长，ROE 指标不断提高就会是水到渠成的事情。

大家不免会问：为何要拯救那些本应被淘汰的企业？出于感情么？当然不是！在日本，投资家、金融机构等债权方即便成为牺牲品，也不会被同情。或许，其中缘由在于，中小企业占到企业总数的大多数，经营不善者比比皆是。如果任其自生自灭，从政治角度讲，这绝非政府和执政党希望看到的现象。

诚然，并不是说“救企”行为毫无存在的必要和意义。对于竞争的落败者，需要妥善应对。企业倒闭产生的失业者亟须必要的援助和扶持。很多员工兢兢业业，却因企业破产未能幸免失业。对此，政府应当采取积极措施，最大限度消除他们在生活上的不安，为其再就业创造有利条件，包括提供职业培训机会以迎接下一个工作挑战。因此，市场真正需要的正是这样的救助措施，绝非盲目地帮助一个濒临淘汰的劣质企业在死亡线上行尸走肉。

或许，政府体贴，经济温和，这听起来似乎很动人。然而，过度的救企行为只会让日本市场发如一杯温水，缺乏活力和热力。只要催生“僵尸企业”大批出现的现存体制得不到有效改善，日本即便进行结构改革也依然无法激活真正的市场机制。其结果就是，囊肿不断扩散，最终导致经济弱化，竞争力低下。

坦率地讲，身为一个企业家，讲出这些话需要勇气。但是不管怎样，我仍然要说，作为政府，正确的“救企”、正确的援助应该是对肩负国家经济活动中枢的核心企业负责，坚决支持它们的优势发展；对于竞争的败者要及时督促其正常出局，并对因此失业的个体劳动者提供必要的支援。唯有如此，才能形成良性竞争和循环，让强者更强。可以说，这应该成为推动经济不断发展的重要原则。

另外，还有一些公司，看到其他公司在某一领域成功，就积极效仿，希望分一杯羹甚至后来者居上。但事实上，效仿不易，在效仿的基础上要想有所作为更是难上加难，既要赢得众多的使用者的支持，又要拥有强大的与市场需求相符的经验、技能、方案、营销能力等，并非企业规模大获胜的把握就大，也并非企业规模小，就没有获胜的希望。

所以，我奉劝各大小企业，不要追随他人挑战自己不擅长、没经验的领域。与其这样，不如选择自己擅长的领域，集中全力深入挖掘，这样容易感知周边的市场环境，看清潜在的事业风险，也能捕捉到随之而来的商机。

其实这就是欧力士自创立以来就采取的“临地扩大”战略。这样做不单单能扩大事业领域，还能同时储备相关的知识和技术，从而让欧力士成为一个能够向社会提供更多、更好价值的企业。

欧力士刚成立时，真的是一个非常小的公司，为了获得顾客的好评，持续提供高质量的服务，刚开始只重点推出了几项业务，通过长期的努力，终于获得了与大企业平起平坐的地位。在此之后，欧力士才又有选择性地扩大了业务范围。

也就是说，欧力士能站稳、做大的原因之一，就是在同众多企业激烈交战中，有“选择性地重点”推出了几项业务，持续性地提供受顾客青睐的服务，而不是一味地贪多贪大。事实上，要想企业推出的业务每个都在市场上获得好评，那是根本不现实的。

这个道理不仅可以用于企业，对于个人来说也是一样。要想在职场上有所成就，就要选择一个能发挥自己特长的领域集中发力。凡事浅尝辄止，不懂得埋头苦干的人，是不可能创造出超越同事或竞争对手的成果的。

“优胜劣汰”的法则，不仅存在于市场经济和企业内部，从根本上来说，它才是横贯资本主义社会的基本原理。作为企业的员工，不仅要认清这一点，更要做到这一点，争取每个人都能成为不断创造好价值的“优胜”者。

这就又回到了我在本书中多处强调的道理，一定要注重提高自己的“专业性”。特别是初入职场的年轻人，要努力在某一个领域里有所作为，这样自然而然就能看出市场真正的需求是什么，并且成为最后的“优胜”者。

小结：“优胜劣汰”是资本主义社会的基本原理，要有所取舍，集中发力，创造出真正的价值，成为“优胜”者。

日本还有很多“宝藏”

“成长是有界限的”，这句话我时不时就能听到。在泡沫经济破灭和随之而来的“失去的二十年”的冲击下，日本社会蔓延着一种停滞感，“日本不会好了”或者“日本再也无法改变现状”的观点，似乎已经深植于人们的心中。

当今世界瞬息万变，像日本一样二十年来一成不变的国家，也实属异常。

但那些认为“日本不会好了”或者“日本再也无法改变现状”的观点，事实上也有很多只是自以为是。其实，只要改变一下视角，转换一下思路，就能很容易找到解决问题的出路。

以“高龄化”、“少子化”为例，墨守成规的人会认为，这是因为政府在保育园数量不足、待机儿童（指因幼儿园、保育园数量不足导致没有入园名额而在家等待空缺的儿童）等问题上力不从心，找不到解决方案造成的，其实只要思维灵活的话，就会发现还是存在一定解决余地的。

现在社会的需求非常大，只要政府放宽一部分政策，由民间企业构成的第三产业就能成为应对少子化的主力。解决问题是日本的终极目的，不存在任何“禁区”，也不需任何顾虑，社会各界应该形成合力，共同摸索。

既然谈到“高龄少子化”，就要谈谈在日本狭小的国土之上，到底多少人口才最合适？据推算，江户时代日本人口总数为3000万左右。“二战”以来，虽然经历多场大型战争，因为得益于医疗等科学技术的长足进步，2008年日本人口迎来历史最高值，达到1.28亿人。目前，也有意见认为，从漫长的历史进程看，目前的人口减少仅仅属于特殊状况，不必过于担忧。对此，我也表示部分认同。

但是，时代变了，国情早已不可同日而语，江户时代的3000万人口显然无法满足维持当前社会基础设施和文化水平的要求,50年间降至2/3这样的人口锐减势必导致社会体系的崩溃。综上所述，或许维持在1亿人口左右是较合理的。

日本的耕地面积仅为16%，且多峻峭山林，比起英国、法国等平原面积较多的国家，要让日本列岛上的全体居民都过上富足安宁的生活，1亿人口或许是个极限。之所以这么说，是因为我认为，日本作为一个狭长岛国，经济发展不应以增加 GDP 总额为目标，而应着眼于提高人均 GDP 水平，让国民拥有在世界上引以为豪的富足。

另外，1 亿人口的构成才是重点。如果“种粮人”多、“吃粮人”少，那么国家就能安然运行。然而，日本现在恰恰处于相反状态，少子化、高龄化进程的不断加快，让“吃粮人”逐渐超过“种粮人”，带来严重的社会问题。

日本社会“高龄化”体现了日本医疗等科学技术对日本民众寿命增长的贡献，原本应是可喜可贺之事。可是，为何反而由喜变忧了呢？究其原因，是因为伴随老龄人口增加，日本社会面临的负担越来越重。医疗、护理、养老金等社会保障成本费用逐年膨胀，这些都变相转嫁在人口不断减少的年青一代身上。要解决这一问题，需要从制度上加以改善，当务之急则是消除对高龄群体的过度护理，缓解年轻群体肩上的过重负担。

作为具体措施，拥有经济能力的高龄群体需要从“吃粮人”重新回归“种粮人”的角色。其中，高收入者和拥有多数资产者应该彻底从一部分社会保障项目中脱离出来，身体健康仍有劳动能力的人也应如此。通过这一措施，使社会保障体系真正只为那些濒临生存危机的困难群体提供帮助。如此一来，年青一代的负担或将随之减轻。

鼓励高龄群体积极参与工作的另一措施，是废除定期退休制度，这也是值得探讨的有益课题。或许我的言辞有些过激，个人一直认为，社会文明的进步正在逐渐消除各种不公和差别，而定期退休制度可谓是唯一现存的公开性歧视制度。特别是在经济商业领域，评价标准应为个人能力和成果，生硬地划定统一年龄界限实属可笑之事。

“少子化”作为另一个社会课题，与其重要性和紧迫性相比，日本现行对策凸显不足。比起慢条斯理地考虑所谓的长远规划，更应着眼当前，当机立断采取一切可能的措施，否则难以抑制出生率下降持续加速。放眼世界，如果别国有好的相关做法，哪怕成效甚微，本着全盘吸收和借鉴的积极姿态尝试拿来将其本地化和制度化，岂不是十分有益的做法么？

例如，对于生育多个子女的家庭提供高额的祝贺礼金，以资鼓励。或许，这会招致“纳税人的钱岂能用于个人身上！”“这与花钱买子又有何异！”之类的批判。即便遭受指责，政府也应当拿出力排众议的气魄和决心，首先尝试推行，用事实来验证对错是非。因为，要解决少子化问题，必须要有这样的觉悟性和速度感。

虽然困难重重，但是如果不能尽快对现状有所突破的话，今后将有更加严峻的考验等着我们。

医疗费用也不例外。日本的国民医疗费年年增长，已经逼近40万亿日元，压迫着日本的国家财政，整个日本社会也弥漫着一种消极的气氛，觉得这样下去将动摇国家的财政根基。

但是，如果单纯从产业的角度看待医疗费用增长呢？这就意味着市场需求的扩大。虽然医疗保险费是国家巨大的财政负担，但如果能将医疗视为“健康产业”，或许就能得出截然不同的结论。

据美国某咨询公司推算，日本健康产业有上百万亿日元的市场。把医疗当作产业来考虑，市场规模越大越好，从40万亿日元到上百万亿日元的项目，可以扩大自费医疗领域的新服务，这样既可以开发出医疗健康的新业务，也能拉动就业。

当然，为了保护社会上的弱者，维护目前的全民医保制度是我们大家共同的责任。但如果我们能搞活医疗产业，扩大市场规模，就可以为日本构筑一个坚实的财政根基，让日本毫不费力地维持、发展全民医保制度。

在医疗费用问题上，我认为，一些先入为主的观念和自以为是的想法，比如“国民得病国家就得出钱治病”、“必须降低国民的医药费”等，正在阻碍解决问题的思路。事实上，日本社会也存在一大批不喜欢用医保，想自己掏钱享受更高医疗服务的人，所以日本的医疗市场还是有很大发展空间的，只是很多人没有看清这一点。

就日本的医疗市场而言，想自费尝试最新医疗技术或最新医疗产品的需求非常高，但是受政府规章制度的诸多限制，目前还不能自由选择医疗方式，无法回应这些需求。

日本领先于世界实现了全民医疗保险，这是非常了不起的事情。因此我认为，全民医保制度没必要从根本上改变，也不应该被改变，但可以增加选择项，扩大自由度，这样做或许能够巧妙地帮助医保制度避开破产的危险。

在考虑如何解决日本的经济问题、产业问题时，我总会首先想到阻碍它们发展的规章制度。当然，在没有规章制度约束的领域里，也存在着很多有待发掘的“宝藏”。

我们要做的，就是抛开固有的、先入为主的观念，思想灵活地看待各种社会现象和问题，积极思考对策，自然而然就能从中发现新的商机。

小结：“宝藏”其实就在眼前，抛开固有的、先入为主的观念，就能发现新的成长之路。

全球一体化下的日本

自“二战”结束已经有70多年，我感觉，像日本这样能维持长期稳定的国家在全球范围内也不多见。经历了泡沫经济破灭和全球金融危机的洗礼，日本经济进入了长期停滞的状态。但在这种状态下，也依旧能维持一定的经济水平，不得不说是件了不起的事情。

然而严酷的现实就摆在面前，日本已经从经济大国的地位上滑落，沦为了“失败者”，但似乎很多日本人没有意识到这种巨大的落差，以一种“世事即如此”的心态，无可奈何却又心甘情愿地接受了这一现状，完全没有了从前那股子“赶超世界”的劲头与热情。

虽说是全球一体化时代，但世界是不是就真的变成了一个地球村，所有国家都是相亲相爱的一家人？我认为不是的，不仅不是一家人，各国之间还展开了激烈竞争，而日本从20世纪90年代开始已经连败了二十多年。

在全球化的浪潮中，商业领域的竞争同样激烈。日本要想重新成为“胜利者”，就必须奋发图强，在竞争中不断挑战，尽管很多企业难以摆脱日本长期形成的闭塞感和无力感。

长期以来，人们总是习惯性地把经济停滞的原因归为政府等外部因素，觉得是政府无作为所以自己才会陷入困境挣扎不出。

媒体对此也要背负一定责任，他们总是把生活困苦、经济停滞等现象归结到政府失策或无能上，形成了批判政府的风潮。但事实上，认为政府什么都能办到的想法本身就是错误的，政府能够运用的钱非常有限，而且财源也都是出自国民的纳税。

安倍政权的诞生，让人们看到了一点打破困境的征兆，日本已经很多年没有如此有力的政权了，尽管我也有些担心被称为“第三只箭”的成长战略能否顺利“中的”。如果安倍政权不以体制改革为开始，率先提升国际竞争力，进而提高国民的生活水平，自然要遭到我们严厉的谴责。但反过来说，如果没有政府主导，日本不可能强有力地打破国际经济的壁垒，这一点更值得我们去激励。

除此之外，我更希望看到当今的日本人能够不依赖国家，靠自己的力量重新站立起来，朝气蓬勃、积极向上，敢于开拓进取，敢于畅想未来。

一味地寄希望于借助外力，是不可能在日益严峻的国际竞争中获胜的，企业应当凭借自身的力量改变现状，引领变革，谋求高效率与高活跃度。

在全球一体化不断深入的情况下，日本企业必须与各国企业竞争，放之四海而皆准的企业经营法，就是要进军未开发的领域，这就需要日本的企业家们勇于挑战，把企业经营成为一个无论在哪里发展，都能让大家愿意加入，有期待价值的企业。

最重要的，就是要坚守作为日本企业的意识形态、根本原则，要在坚守自身特色的基础上，到更大的舞台去发挥。这种趋势不仅限于出口市场，以服务业为首，日本还存在很多有实力、有价值走出日本、走向国际的企业。

这种国际化趋势已经迫在眉睫，年轻人们要扎根日本、立足世界，要从全球化的角度为自己和公司定位，以世界为舞台，描绘一幅壮大的蓝图，并以此为目标去工作、去奋斗。

小结：在全球化步伐日益加快的眼下，日本要一改过去的低迷闭塞，探索全新的经营方式，重新建设一个能够傲立于世界之林的国家。

居住环境过好的大都市——东京

我个人认为，日本人的优秀之处，在于理解力超群，一点就通，但如果只是停留在懂了、通了的阶段，就白白浪费了这个优点。

所谓商业，就是在懂了、通了的基础上再添加一点东西，并凭借添加的东西创造出新的价值。也就是说，理解之后必须采取实际行动。但大多数的日本人却只停留在懂了、通了的阶段，丝毫不想进行下一步行动。

在国际化步伐日益加快的大形势下，到国际舞台上崭露头角有多么重要，日本的年轻人不可能不知道。但即便知道，近年来，前去海外留学的意欲也在整体性减退，显然“知道”没能与实际行动直接联系起来。

当然，不排除有一部分人是因为经济条件不允许才不去留学的，但从根本上讲，绝大多数还是因为缺乏到国际舞台上打拼的勇气和气概。

战前，日本有很多人为了开拓新天地，飞赴世界各地。尽管他们在异国他乡要经受重重苦难，也无法保障所有人都能获得成功，但他们依旧不辞辛苦地努力打拼。

和那个时代的日本人相比，现在的日本年轻人真的如同生活在蜜罐里一般。我觉得，正是这种一生下来就丰衣足食，日常生活里什么都不缺的环境，让日本年轻人很难对生活做出改变。特别是从居住环境来看，东京真的是在全球首屈一指，应有尽有。

纵观全球，发达国家首都城市机能过度集中的当属伦敦、巴黎和东京三市，其中又以东京最为突出。从人口数量看，伦敦不到 820 万，巴黎略超 220 万，东京则高达 1329 万（截至 2014 年 2 月）。当然，要评估城市规模，需要从广域意义上的“大城市地区”（Great Urban Area）范畴统计分析。即便如此，相比伦敦 1015 万人和巴黎 1098 万人，东京高达 3756 万人，仍居首位。再从美国来看，美国是全球屈指可数的发达国家，但其各大城市合理分散承担不同机能，如华盛顿的政治机能、纽约和洛杉矶的经济机能等。与其相比，日本的东京则身兼数职，将所有机能背负一身。

东京城市机能的高度综合化和集中化在世界上也属罕见。诚然，这为民众的都市生活提供了至上的便利和舒适。加之人才、物资和信息自然而然地汇聚而来，商业效率也得以不断提高。我一直激励欧力士集团东京分部的员工们，告诉他们置身东京就等于处在世界第一的“战区”，应为自己正在从事一项重大工作而备感幸福和骄傲。不但经济如此，东京也是旅游和文化集结的重镇。

即使如此，在森纪念财团都市战略研究所公布的2014年世界都市综合能力排行榜中，东京连续7年排在伦敦、纽约、巴黎之后，位列第四，主要是因为东京的交通基础设施相比较还有不足之处。而眼下，东京正在为了迎接2020年的奥运会和残运会重整交通。

像东京这样多机能化、资源高度集中、居民生活极为便利的城市，在日本恐怕再也找不出第二个。特别是近二三十年以来，东京在城市机能方面的优势发展不断提速，已经让其他的城市望尘莫及。正因如此，越来越多的人被东京都市生活的便利和舒适所吸引，纷纷选择“进京”，蜂拥而至。

但有时这种优势会成为一种致命的弱点。请大家回忆一下2011年“3•11大地震”时日本的惨状。信息混乱、部分生活物资匮乏、物流中断、电力供应不足引发的恐慌……今后，如果东京遭受直下型大地震，其损失将是“3·11大地震”的数倍之多。时至今日，福岛核电站事故仍然令人心有余悸。当得知事故后仅仅因为处于下风向，东京就陷入核辐射的重大威胁之中，不禁令人毛骨悚然。那种惊愕和无助的心情至今难以抹去。当时，据说事态如果进一步恶化，驻日美军都做好撤离横须贺海军基地的准备了。

日本自古以来就自然灾害频发。或许是受到气候变动等因素的影响，近年来台风、水灾等自然灾害越发多见，规模也逐年扩大。不仅如此，现代社会中，世界各国之间人口融合日益加快，不同的政治、宗教、民族观念交错，任何一个国家和城市都不排除发生恐怖袭击的可能。东京作为日本的心脏，一旦陷入瘫痪状态，必将导致全国陷入瘫痪。对于这种巨大的潜在风险，万万不可视而不见。

目前，世界各地都在逐渐形成大型都市圈。凡事总有正反两面。在便利、舒适、高效的繁华背后，充分享受现代都市生活美好的阶层与在夹缝中艰难生存的贫穷者之间两极分化不断加剧。同时，过度集中也带来一系列环境、社会方面的弊端，空气质量下降，水质变差，垃圾增多，汽车尾气排放严重，交通堵塞频发，社会服务低下等。为改善这些问题，又需要投入巨额资金。这不禁令人深思：我们难道不可以开创先河，为全球共同面临的这一挑战率先提供有效解决方案吗？试想，作为发达国家之一，日本一边最大限度坐享都市机能高度集中化带来的实惠，一边举全国之力合理地分化潜在风险，这样的理想模式一旦实现，定将为全球提供宝贵借鉴，岂不是一件美事？虽然不可一蹴而就，但是现在行动还为时不晚。

从地理政治学角度分析，相比现在，“二战”以前的日本反而安全系数更高。当时，经济中心位于大阪，政治中心则属东京，多个城市很好地进行了机能分担，扮演各自角色。

作为一个地地道道的关西人，我记忆犹新的是，当地国民小学的教科书上还有“大阪是一个雾都”之类的表述，不无自豪地宣传城市的工业特色和优势。

时过境迁。现如今情况如何？别说是“工业烟雾”，就连住友银行（现三井住友金融集团）、三和银行（现三菱UFJ金融集团）这些发家于关西地区的地方城市银行、从关西起步一度将总部设在关西的综合商社，以及关乎制造业核心命脉的龙头企业，几乎都将总部搬离关西，把指挥塔设在了东京。

欧力士集团亦不例外。公司1964年从关西迈出第一步，1972年便迁至东京。因为如果继续留在当地，在信息与人才的竞争大潮中必将处于下风而落后于时代。上至决策者，下至普通员工，无不担忧公司成长会止步于此。出于大局考虑和长远打算，公司总部毅然迁址东京。虽然这是一个万不得已的决断。

或许，缔造了东京无与伦比的吸引力的根源在于日本的政治心脏——霞关地区林立的中央政府机关和永田町的政治舞台，两者你中有我，我中有你，交织形成巨大的权力机构，掌控着日本走向。战后日本从废墟中重建和长年的经济进步，正是得益于政治行政和民间企业并肩作战，合力而为。在这个相当漫长的过程中，人力、物力和难以计数的巨额资金从四面八方汇聚，日积月累，造就了高度集中的资源阵地。时光不能倒流，我们无法改变历史，但却可以把握未来。今后，切实推进城市机能分散，不正是日本亟待实施的明智决策吗？

日本国土南北狭长，自北向南札幌、东京、大阪、福冈等分担不同城市机能，扮演各自角色。或许，在得天独厚的自然地理优势下，这样的“多焦点＋候补”的分散模式不失为一种理想体制。今天，备受瞩目的“国家战略特区”已正式获批实施，在指定的城市和区域放宽政策管制，为催生新的商机和产业打造更加有利的环境。读者们可以想一想，如果能够乘着特区这股春风，充分活用有关政策规划，划分政、经、文、娱等各类不同的城市主题“特区”，毅然决然地迈出城市机能分散的第一步，不是很好嘛！

目前，社会上出现了一种论调，建议日本应该借助奥运之机在东京解禁开设博彩娱乐业。毋庸置疑，这必将吸引更多游客到访，从旅游方面进一步加速东京单极化进程。虽然这仅是一个例子，却令人不得不三思：眼下，给予博彩业如此之高的优先度是否有点操之过急？纵观世界，发达国家首都正式立法引入并发展博彩业的似乎尚无先例。相比之下，在东京以外的指定城市打造包括博彩业在内的“观光·休闲娱乐特区”，充分抓住东京奥运会带来的巨大商机，让更多的外国游客不再是仅仅驻足东京，而能走进日本更多地方城市，感受丰富多彩的民族文化，岂不更善？

无论怎样，我们直面的现实不容忽视。东京都市圈的过度集中化在发达国家当中已经十分突出，如果放任自流，这种趋势将会继续扩大，随之带来的潜在风险也会进一步加剧。同时，新兴发展中国家的巨型都市建设也正在步发达国家的后尘，且有过之而无不及，也为东京再次敲响警钟并提供了反面参考和借鉴。眼下，日本亟须的就是高度重视这些问题，着手科学地规划发展蓝图。迄今，我们自以为取得了举世瞩目的发展成就并因此沾沾自喜。目前，最重要的就是改变过度集中的现状，在维持东京机能和效率的同时，将风险均摊到其他城市。或许，这正是事关国家未来命运的重大课题之一。

小结： 继续推进东京一极化发展，只会提高灾害发生时东京城市整体机能瘫痪的风险。

第四章

想方设法发展壮大

追求全垒打不如次次安打

我从小就喜欢棒球，不但喜欢看，也喜欢打。

读中学的时候，母亲会在夏天带我到甲子园球场看全国高中棒球大赛，我也经常在放学后顺道去西宫球场看阪急战，当时比赛进入第 8 局，球迷便可免费进场，很适合在放学后消磨时间。不过我做梦都没有想到，在几十年前，那个经常在放学后去蹭球看的棒球少年，竟能成为这支职业球队的老板。

在就任了欧力士的社长后，我还多次参加东西财界棒球交流大会。不要小看了这个比赛，里面不乏当年在甲子园棒球大赛和东京六大高校棒球联赛里都露过脸的人物。他们还爱问我："宫内先生，你的棒球生涯有多少年啦？参加过哪些比赛啊？"而我只能笑着说："我啊，顶多就是一名业余选手"！

从我的棒球经验和对棒球的理解来看，没有必要一上来就全垒打，应该从一个一个的小得分开始积累，这样的球队才算是真正的强大。要是每次都能安打，最终自然而然就能全垒打。

在商海中打拼，又何尝不是这样，临场会有很多下判断的机会，只有做好这一个一个的判断，才能在经营上有“全垒打”的机会。

特别是欧力士，主要从事与金融相关的行业和第三产业，应该将重点，放在连续安打上。总体上来讲，第三产业很容易进入市场，可以接连不断地向市场注入新的商品和服务，但由于市场更新换代快，所以即便做出重大决策投入了高额资金，也很容易陈腐化。

无论哪个公司，都能遇到一次“全垒打”的机会。但实际上，需要作出重大判断的情况，一年里顶多只有一次，甚至几年里才可能有一次，这样的情况，只需要负责全盘经营的社长来决策就好。

所以说，从企业整体上看，比起“全垒打”，更应该重视一次次“安打”。作为中坚力量的部门经理如果能在日常业务中持续精准地“安打”，企业的业绩自然就会稳步提高。

和棒球比赛相比，商业场合里“安打”的机会更多，但即便是多，也绝不可以有“这次不行还有下次”的心态，任何一次判断都不能出错，必须始终全心全意地认真对待每一次“安打”。

顺便说一下，最近的职业棒球赛是越来越乏味了。之所以说棒球乏味，是因为近来比赛多以 2∶1 或 1∶0 这样的小比分收场，平淡不惊，少有精彩的攻防表演，其中也不乏“握手言和”。这种看似“你好我好大家好”，实则是了然无味的结局。

不知从何时起，赛场上渐渐难以看到球在空中“高飞”的英姿。或许是为了给比赛时间“提速”，“好球区位”（strike zone）突然一下子大幅增加，其范围要比大联赛时广得多。击球手迫于角色，不得不挥棒击打，但只要不是铃木一朗这样的顶级球星，击出的球总是难以在空中“飞一会儿”，更别说是全垒打了。换句话说，已经变成仅仅对投手一方十分有利的比赛模式了。比赛已经难以再见有攻有防的激烈对抗，变成了“小家子气”的保守打法，队员们的目光仅停留在如何死命守住一分上。没有了昔日球在空中划过的漂亮弧线，比赛自然少了许多味道，大打折扣。

在重视“进攻”这一点上，企业经营也是一样。回顾欧力士集团发展历程，起步之初，集团业务十分有限。如果说金融业是一片广袤海洋的话，那么集团最初涉足的租赁领域不过是浮游其上的区区一个小球而已。

在狭小有效的空间里即便“有所作为”，也不值一提，对经济社会发展的贡献微乎其微。但正是因为没有安于现状，常怀一颗进取之心，期望创造更高价值，欧力士集团才得以从一个名不见经传的普通租赁业务公司日益壮大，从企业金融服务向个人消费金融、地产、环境、能源等更宽领域扩展，进而不断拓展业务范畴，推进综合化发展。我也深感，至今集团中仍然保持着时刻向新领域挑战的“攻势”，保持着拿下每一分安打的公司风气，这是根植于欧力士的DNA，也是欧力士拥有勃勃生机的重要秘诀。

企业做得越大，人就越容易进入“守势”，这种心理是可以理解的。但身为企业家，必须具备坚强意志，始终对推动企业发展、创造新的价值抱有热情和决心。在我看来，所谓商业的精髓，就是要充分发挥领导力，在严谨的风险评估基础上，果敢决断，勇于挑战，拿出成果，时刻不忘“攻”的姿势。

小结：不要轻视任何一次小机会、小决定，做好每一次“安打”，才有梦寐以求的“全垒打”。

要敢于举手

在新的工作挑战出现时，要敢于率先举手。

特别是刚刚就业的年轻人，在公司肯给你一个挑战不同领域的机会时，不要因为自己不熟悉、没信心就望而却步。

要知道，大多数情况下，公司或上司给年轻人机会，并非是想要一个好成绩。作为上司或前辈，又怎么会不清楚部下、后辈平时的工作态度和工作能力呢，所以在给机会的同时，也大致预料到了会有怎样的成绩。有的上司更是仅仅出于爱才之心、培育之意，想给年轻人更多尝试的机会，积累更多的经验。

所以如果年轻人因为经验不足，没有自信，而裹足不前，就等于是自己断送了自己成长的机会。

其实没有自信也没关系，关键是要敢于举手，提出“让我试试”，把握住眼前难得的机会。临阵磨枪，不快也光，只要努力去做，总会出成果，也能积累下宝贵的经验，这些都有助于自身的成长。

最不可取的，就是什么都不去做，在机会面前畏首畏尾，思前想后，临阵退缩，错过了一次又一次挑战，丧失了成长锻炼的机会，久而久之就会被周围的人和时代远远抛弃。

在前面的章节中曾讲到，我留学归国后最初是进入日绵实业株式会社工作。当时我被分配到了调查部，虽然偶尔会被叫去代替领导出席演讲活动，做做领导的翻译，写个3年经营计划书的草稿等，但说到底，主要还是打打下手。这和我所憧憬的白领生活实在是相去甚远。

日绵实业有派遣员工到海外研修的制度，这在那个年代还十分罕见，所以年轻员工们自然是卯足了劲儿挑战选拔考试。但因为我有海外留学的经验，所以人事部认为我没有必要再研修了，不给我这个机会。

但日复一日，想去海外出差、想站到业务最前线的念头越来越强。终于有一天，等来了一个机会，人事负责人丰田秀尾常务找我谈话，希望我尽快去趟美国旧金山。原来，日绵实业正在酝酿一项租赁业务，这在日本还是一个全新的领域。作为前期筹备，已经同美国的 US Leasing 公司达成了合作协议，由对方提供专业指导，由我前去取经。

那时，日本人谁都不知道租赁业是个什么东西，公司派我去挑战这一全新领域，也许是因为我擅长英语，并且看起来很闲。

到了美国我才知道，原来租赁属于金融领域的业务。在进公司前，我学习的是贸易相关知识，对于金融业实在是一窍不通，两眼一抹黑，US Leasing 公司想必也被我的“无知”吓了一跳。即便如此，他们也倾囊相授，从金融知识到租赁的基础，从利息是什么到租赁费率怎么算，向我全面灌输相关知识。一开始，我听课跟听天书一样，每天一回到宾馆，就将笔记一读再读，非常刻苦，用了一周时间，才终于跟上了进度。

正是我在美国学到的知识，为日本最早的租赁公司的诞生奠定了基础。

再看一下眼下的年轻人，我就觉得他们有一些慎重过头了，一点都不想冒险，换句话说就是不敢冒险，缺乏挑战风险的气魄。如果能拿出这股子气魄，自然就会生出“就让我放手一搏吧”的心态。

如今的日本社会，已经成为一个极度惧怕风险的社会，政府对于国民也过分“关爱”，制定了种种的规章制度把国民“圈养”了起来，让国民越发失去了挑战风险的气魄。这可能是因为日本经历过战败，输得体无完肤，只剩一片焦土，所以政府在极力避免国民背负风险。

我出生于1935年，经历了第二次世界大战的末期和战败期，亲眼见证了日本的激变动荡，沧海桑田。所以在我看来，现在的日本社会就像是一个巨大的温室，被各种规章制度层层保护，让我感到很不舒服。

所以我总是强调，“公司不会照顾你”，放在国家层面上也是一样，“国家不会无时无刻地保护你，要对自身负责，学会自立”。

如果不这样想，无论是企业还是个人，都永远摆脱不了依赖心理。所以，日本的年轻人对于社会和公司也不必太过“客气”，当机会出现时要踊跃举手，积极应战风险。

小结：当机会出现时，不要害怕失败，要勇于挑战。

如何更合理地运用时间

如果有人问你“人生中最宝贵的东西是什么”，你会怎么回答呢？我会毫不犹豫地说：“是时间。”

时间对于所有人来说都是平等的，但时间的宝贵却不是所有人都能意识到的。很多时间就这样在不知不觉中被浪费掉了。如果能够正确把握时间、利用时间，人生的充实度就会更上一个台阶。

尤其是对于年轻人来说，你们的时间要比上了年纪的人的时间更为宝贵，因为你们还年轻，能够在有限的时间内吸收到很多知识，积累很多经验，这些都会融入你们自身的血肉，丰盈你们的人生，所以千万不要浪费时间。

为了做好一件事而废寝忘食，或者为了掌握某项技能而循序渐进地学习，这都是只有年轻人才能做到的，年轻人应该找到适合自己的时间运用方式，并把它坚持贯彻下去。

随着年纪的增长，工作经验的积累，人在企业里的地位与职务也会发生变化。当做到一家企业的管理层后，就需要注意时间的分配问题。

特别是负责经营重任的企业领头人，时间上的分配可能直接影响到企业整体的业绩，所以在安排日程表上更要花费一番功夫。

如果不能合理地安排时间，即便一天有三十个小时也不够用，该在规定时间内处理好的事务也处理不完。为了杜绝这种情况出现，我的做法就是，给自己制定一条小规则，“开会一小时、会客三十分钟、碰头会十五分钟以内”，并且认真地贯彻这个规则。

“开会一小时”，是因为我认为，开会时间并非越短越好，但拖得再长也不见得当场就能得出结论，即便是需要深入探讨的案件，有一个小时也足够了。

“会客三十分钟”，是因为客人来访，我不能以个人的理由就中止会谈，所以安排了三十分钟，有三十分钟，就能进行很深入的交流。

“碰头会十五分钟以内”，就更不难办到，既然是内部碰头会，只拣重点说就行，所以有十五分钟足够了。

这个小规则的关键，就是要尽可能地同对方面对面地交流。尽管当今已经进入全面 IT 化时代，但在我看来，光靠视频会议沟通，还远远不够。

在欧力士，如果驻美员工说有重要事情汇报，那么我会毫不犹豫地安排他回国。即便是一个小时就能结束的汇报，也应该面对面地交流，因为面对面接收与传递的信息量，要远远多于电话或电视会议。

越是重要的事情，就越要当面沟通，通过对方的表情、语气、肢体语言，能够真正认识到事情的严重性。

不管是过去还是现在，年轻人都更喜欢用邮件来沟通，即便是非常重要的业务交涉。但在我看来，邮件顶多能用来申请一个商务约会，重要的事情还是要面谈更为实际。

再说回时间的运用问题，还有一点需要留意，就是事情再多，也要分清主次，安排好优先顺序，多挤出一些时间在重要的事情上。

身为经营者，要处理的事情多如牛毛。但所有经营者都有一个共通的课题，就是要规划未来蓝图，决定公司的发展方向，要能着眼于 3 年后、5 年后甚至是 10 年后，才能规划出未来蓝图。这是只有经营者才能做到的事情。

为了一时的经营业绩，有不少社长会选择亲自上阵，作为企业的“头号推销员”跟客户交涉。这看上去是决策者亲力亲为，令人敬服，但实际上，这种跟客户交涉的工作，就应该让原本负责交涉的业务部门和相关负责人来做，社长有自己的工作，应该去做只有社长才能做到的事情。

在一个企业里，每个人肩上背负的责任都不一样。科长要负责这一天的业绩，部长要负责这一个月的业绩，高管要负责这一年的业绩，社长则要负责未来几年的业绩。这样一个企业，才称得上是一个合理高效的组织。

当企业处于危机时则另当别论。有着“经营之神”美誉的松下电器创始人松下幸之助先生在做董事长期间，就曾“屈尊”到基层兼任业务部长。但也只有在那样一个艰难的环境下，经营者身先士卒，投身最前线，才能带来特殊的效果。而一旦企业渡过危机，最高决策者就必须立即回到原位上。

要时刻保持冷静的头脑，不能受感情左右，在该多花时间的事情上不下功夫，自然达不到满意的效果。要懂得合理地运用时间，为自己创造一个可以集中处理重要事务的环境。在企业里的地位越高，以上这两点就越关键。

所以说，首先该给自己制定一个时间的分配原则，拿出百分之一百的谨慎态度，不要弄错了优先顺序，逐渐养成一个有效利用时间的好习惯。

小结：人生中最宝贵的东西就是时间，如何合理地运用时间，直接影响一个人乃至一个公司的命运。

该办的事情就要抓紧时间办

只要人在商海，就必须时刻保持着前进的姿态，但如今的日本社会，却蔓延着一种拖拖拉拉的风气，明明是需要抓紧办的事情，却故意拖着不办。

我经常在欧力士说，“只要认为该办的事情就要抓紧时间去办”，之所以经常说，正是因为欧力士做得还不够好。做得不够好的原因除了个人资质问题外，也和日本社会的大环境有关，日本自“二战”结束后，就逐渐变成了一个固步自封的社会。

“二战”结束后的日本经济体系，依旧残留着浓厚的战时统治的色彩。虽说是在自由主义市场经济下，但本应由市场需求来决定的经济结构，却还在政府机关的监督、统治下。

所谓统治，还包含着“保护”的意思，“护送船团”的控制方式根植战后的日本产业界，政府一直在为弱小企业保驾护航，所以很难出现激烈的竞争，市场份额也相对稳定，对于企业来说，这真是如鱼得水的生存环境。

有利就有弊，在这样的生存环境下，大部分的日本企业都逐渐失去了挑战新事物的勇气，维持现状成为他们最大的价值追求，绝不肯轻易前进一步。

那么，政府的“保护”体制究竟是好是坏呢？不能简单地一言概之。日本在战后得以迅速恢复元气，要得益于这种“保护”体制，但与此同时，也滋生了成本高居不下、办事效率低、难以出现变革等弊端，让企业在决策和实行方面非常迟缓，逐步走向僵硬化。

泡沫经济破灭后，“失去的20年”更是加快了企业僵硬化的步伐，在整个社会积久不散的停滞感中，日本的经营者们纷纷贯彻着防守的姿态，不肯锐意进取。

他们似乎忘了，从20世纪90年代开始，全球一体化使世界变成了一个巨大的市场，日本的企业也要在市场经济下，同其他国家共同站在擂台上一争高下，只守不攻的战术是难以存活的。

全球化市场瞬息万变，无法顺应潮流的企业早晚会被淘汰，为了能存活下去，企业要做的，就是赶超变化的速度，保持奔跑的姿态。

今后，可能一个判断不及或反应迟钝，就会令企业身陷囹圄。

要想超过其他同类企业，最重要的就是速度，速度跟上来了，就能创新，就有新的发展。反过来说，要想有新发展、大发展，就要事事抢先一步，该办的事情抓紧时间办！

正因为这样，我经常在欧力士强调，“该办的事情就要抓紧时间办”，所幸到目前为止，还没有什么人说过欧力士决策缓慢。我总是要求欧力士，要做到比经济迅速增长中的新兴国家还要动作快。速度，是我们欧力士值得自傲的地方。

企业做得越大，贪图稳定的员工就越多，如果不及时发现问题，则组织整体很容易变得僵硬化。有时候，即便经营者和高管们很富有冒险精神，一线员工们也可能会动作缓慢，速度提不上来，让我很想把自己的活力分给年轻员工们一些。

非要上司跟在屁股后面催才肯积极行动的员工越多，企业就越难以在国际市场上生存，关键得让员工自己有市场竞争意识，时刻关注市场的变化，并根据变化迅速做出反应。

小结：在全球化经济中，速度决定成败，要时刻关注市场变化，迅速做好判断。

“多样性”能造就企业的优势

各种不同意见相互碰撞，往往能给企业带来意料之外的好点子。企业的成长，离不开这种多样性。

如果讨论还没开始就已经有大多数人达成了意见一致，并且顽固地不肯接受不同见解，那么讨论本身就会变得没有意义，只能得出一个毫无新意的最终意见，以及单调无味的工作反馈。

作为经营者，在听到不同意见时，不能下意识地全盘否定或排斥，要兼收并蓄、灵活应对，这样不仅能扩大自己的思维空间，也有可能从中看到更多的商业机会。如果大家都意见一致，就没有新的发展，也失去了意见交换的意义。

当然，如果一开始是在讨论 A，谈着谈着就变成了讨论 B，也同样是浪费时间。这就要求大家焦点明确，尽管百家齐鸣，富有多样性，也始终不要忘记朝着一个方向努力。

不过，不要因为我强调多样性，就认为所有持不同意见者都是可贵的，我也会经常排除那些脱离主题的不同意见，和妨碍工作进展的不同意见。

有些意见听上去很奇怪，但却能给人带来火花，让人茅塞顿开，往往就是这样的意见，能帮助企业打开新的局面。

日本社会的特色，就是不喜欢“特立独行”，不喜欢与众不同的意见和人，大家总想着要保持一团和气。在企业里也是一样，上司也要求员工们团结一致，所以导致日本社会缺乏多样性。

但是，在今后的后产业化社会，也就是知识集约型社会，只强调意见统一的企业，反而会很难生存下去。我希望当上面说“向右转”的时候，也能看到几名“向左转”或“向后转”的员工，因为这些持“不同意见者”会为企业带来一些新的刺激。

作为管理者也要注意，不能流水线般地培养人才，不能把多样性的员工也和其他员工放在一个模子里。企业要想打破僵局，创造出新的价值，就得改变让所有人按照同一种模式干同一类事的固有立场，别用老方法扼杀了好不容易才出现的多样性人才。对待多样性人才，就要因地制宜、因材施教，如果有必要，甚至可以从业务分配和工作进度上入手，改变内部工作环境。

以上是对经营者的建议，那么员工个人呢？也要努力打破固定模式，要有自我革新的意识。在人才流动性加快的大环境下，即便是从前只招聘应届毕业生的企业，也开始被迫中途录取有经验、有特色的人才，如果自己一味地流水性作业，日复一日只做同样的工作，很容易就会被外部吸收进来的多样化人才所取代，所以要时刻保持一种紧迫感，要坚持不懈地自我磨炼。

小结：“与众不同的意见”，将会成为企业生存下去的关键。

不能只做能力范围内的事情

20 世纪 80 年代，可以说全球船舶的财源都掌控在日本手上，银行、商社、租赁公司三足鼎立，占据着全球市场份额的一半以上。

然而，船舶市场沉浮不定，1983 年，船价突然暴跌，行驶在全球海面上的船只数量明显过剩，船舶的不景气时代到来了。欧力士最初是靠船舶业务起的家，其相关利润占公司总利润的三四成，因此，这次不景气给公司的打击十分巨大。对于当时的欧力士来说，这是继石油危机以来的第二次严峻的考验。

对于海运公司来说，不仅是船价暴跌，就连船票和运费都开始直线下滑，自然就交不起租赁费了。公司一方面应客户要求降低了租赁费，一方面派出员工分头前往各地，确认船只的实际情况，万不得已为了回收债权就得将船只运回来。

为了抢占先机，我们做出了周密的安排，详细调查了哪艘船将在哪个港口停泊等，并前往管辖地所在的法院提前办好相关手续。最关键的，还是要带一批专业的船员去，以便在依法履行债权回收手续后，可以立即将船上的船员都换成自己人，直接把船开回来。

那次债权回收真是船舶部门的全员出动，有的客户对我们的员工揣着明白装糊涂，还有的客户甚至对我们的员工威逼胁迫。尽管如此，依靠一线员工们的巧妙周旋、灵活应对，我们还是打了一场漂亮的"回收战"，所有船只都收回来了。

我当时只有一个念头，就是说什么都不能贱卖这些船只，要让这些船只尽可能地多带回哪怕是一分钱的利益。想来想去，最有效的办法就是公司直接涉足船运，于是干脆设立了一家欧力士自己的船运公司。因为我内心深信，船舶市场的不景气只是暂时性的。海运市场有一个特点，就是好几年，坏几年，且周期很短。虽然目前是困难了点，但只要坚持几年就一定能等到市场回暖。而在这艰难的几年里，如果我们能不贱卖船只，自主运营，不仅能少赚一笔，还能学到船只船运相关管理知识，真是一举两得。

当时，日本国内还有不少的大型商社都在这次船舶市场的动荡中蒙受了损失，商社规模在我们之上的，损失的金额也自然在我们之上。有的商社甚至抛售了所有的船只，退出了船舶市场。

我们也是咬牙坚持，苦苦地熬日子，终于在几年后等到了船舶市场的景气回升。如果当初放弃船舶市场的话，或许会勉强地避开一场重大损失，但迎难而上，趁机收购其他商社抛售的船只，多元化发展，却能给公司带进来利润。所以说，在面临困难时，不能只做自己能力范围内的事情，那样是无法打破僵局的。

另外，企业的这种决策也不能只靠经营管理层进行。当然了，最终的决策还是要由经营者来下，但首先必须由精通具体业务的一线员工讨论新业务的可行性和发展前景，在此基础上由下至上反馈给上层管理者。这种工作模式才是最理想的。

不少的日本经营者，都认为上令下从的领导方式效率最高，把员工们当成棋子，觉得一线员工只要统一听命于上司指挥，就不会有什么大的问题。对于喜欢团体合作的日本人来说，这种领导方式看上去似乎也是最合理的。

的确，企业管理不能全靠民主化。如果企业有一个明确的目标，而员工们士气又不高，那么上令下从的领导方式的确最管用。但是我认为，“将在外，君命有所不受”，如果是非战略性问题，而是具体战术上的问题，有时候交由一线员工自行解决反而更好。特别是亟待解决的问题清晰明确，只需考虑具体战术时，如果能交由现场员工自由发挥，则更容易找出问题的突破口。

第三产业即将成为未来的主力产业，企业要挑战越来越多的新事业。届时，如果所有的战略战术都要由企业的最高领导人做决定，肯定会跟不上市场的变化及消费者的需求。

尤其是在企业想开拓新事业，想做一些能力外的事情时，更应该重整内部环境，让一线员工能够自由思考，自主地创造新价值。

与此同时，也希望每一位员工都能够自发地拓展自己的可能性，一面提高自己的能力，一面在工作上有所成就。

小结：若想打破僵局并有所成长，无论是企业还是个人，都要拓展自己的能力范围，不能只做能力范围内的事情。

“隐性知识”是企业的宝贵财富

日本著名管理学家野中郁次郎认为，“隐性知识”是高度个人化的知识，具有难以规范化的特点，因此不易传递给他人，它深深地植根于行为本身和受个体所处环境的约束。

放在企业内部，“隐性知识”指的就是员工们工作上的小窍门、直觉、技巧，是在团队、小组等集体中逐渐培养起来的知识模式，是企业风气、企业文化的具体表现，是需要一代代传承下去的。

“隐性知识”的特点，就是难以规范化，难以用语言来表达，如果一定要说它是什么，我给出的答案则是，它是根治于企业土壤的，支撑企业价值的宝贵财富。

在日本盛行的“终身雇佣制”的社会环境，尤其容易培养出“隐性知识”。这种“隐性知识”在企业内部有利于团队作战，有利于集思广益。可以说，它就相当于企业的 DNA 一样。

而像欧美等多民族、多语言构成国家，个人主义思想浓厚，跳槽成风，很难在企业中培养出“隐性知识”，所以就发展成将工作的技能和方法都编辑成“操作手册”，让每一个看到的人照做。但很多企业智慧的核心部分是无法明文化的，能做到这一点的，就只有日本的“隐性知识”。因此在过去相当长的一段时间内，“隐性知识”都是日本企业的优势之一。

这些“隐性知识”是在企业中担任核心工作的员工不断创造出来的经验和技能，并一代代地传承了下来，成为日本企业拥有独特竞争力的源泉。

我曾经有过这样一个想法，就是让核心员工可以一直工作到退休，让他们的“隐性知识”能够在企业内部被继承下来，还能在公司形成一个良好风气。然而近年来，一直支撑着日本社会和日本文化的“隐性知识”本身，正在风雨飘摇。

为什么这么说呢？就比如一对老夫老妻，丈夫说句“那什么”，妻子就会把茶端过来，这是一种长期培养出来的默契，也是最显而易见的“隐性知识”。但最近几年，日本的“熟年离婚”（指 50 岁以上的夫妻离婚）率激增，说明传统的交流方式正面临瓦解，“隐性知识”失去了传承的条件。

不仅日本的家庭在变化，日本企业的雇佣模式和现代人的工作模式也在变化，例如雇佣外籍员工也早就不是什么稀有现象，这些都让“隐性知识”无法像从前那样有效地传承下去。

最近，我常常想，能不能将“隐性知识”明文化，也以“操作手册”的方式传承呢？但这种想法又让我陷入矛盾的境地。既然是企业宝贵的财富，自然必须千方百计地保留下来，但“隐性知识”的特色，就是具有一定的灵活性和自由度，如果把它编辑成“操作手册”，恐怕会变得模式化且僵硬化，失去了其最为核心的意义。

但我不会轻易放弃的，或许可以先将能够明文化的部分明文化，总之，要以某种形式将依靠人来言传身教的“隐性知识”保留下来，不能让它随着“老臣们”的退休而失传了。

正在职场打拼的年轻人们，如果你们身边有深谙“隐性知识”的核心员工，一定要努力吸收学习。“隐性知识”不仅对于企业而言是宝贵的财富，对于员工个人来说，也是不可多得的巨大财富。

小结：“隐性知识”支撑着日本的企业文化，要积极主动地去继承它、学习它。

第五章

『宫内式』读书法充实你的精神世界

三本并行的读书法

说起我的读书习惯，一句话就可以概括。那就是坚持一个原则——时刻保持手中有三本风格迥异、性质不同的书，同步平行推进阅读。保证所选的三本书种类和意义各不相同，这是最为关键的!

三本并行，可能听上去让人有些诧异，其实也没什么，只是随身携带一本时下最流行的书，一本有嚼头的书，一本轻松闲适的书而已，根据场合和心情来选择。

事实上，包括周六日在内，我一天里能够用来看书的时间，大约也只有一小时，这是没有办法的事，但如果一天不读书，就会有一种吃不饱的感觉，这可能跟我从小养成的读书习惯有关。

我年轻时最喜欢读的是司汤达和赫尔曼·黑塞的作品，而且无论是什么样的书，都能坚持读完，从不中途放弃，但现在不行了，一旦觉得读着无聊，就会合上再也不翻第二下。读书时间有限，我要把有限的时间用在自己真正喜欢的、有价值的书上。

如今，人们处于一个互联网高度发达的时代，目睹着年轻人逐渐与书本渐行渐远，信息收集个体化越来越强，不禁令人深感，世界真是变了！不过时至今日，我仍然坚信“书籍是人类进步的阶梯”，读书可以丰富知识，陶冶情操，是个人内在素质发展的基础。要实现这一目的，唯有阅读，而且必须是纸质书籍。

我个人最想向年轻人推荐的是历史类书籍，特别是现代史。因为在日本的学校里，一般学不到现代史的内容，比如媒体们经常提及的慰安妇问题等，很多年轻人就不知道是怎么回事，所以我希望年轻人能够通过读书来了解、学习历史。

历史类书籍，我特别推荐半藤一利的《昭和史》，和大佛次郎的《天皇的世纪》。关于上述这两本书，我会在后面的章节里详细介绍的。

三本并行的读书法里，最为核心的，也是最应该花时间阅读的，是“有嚼头的书”。选择这样的书，标准最好设定得高一些，追求的是读后所能获得的满足感和成就感。《天皇的世纪》可以说是我目前为止遇到的最“有嚼头的书”，大约花了我近4年时间才读完它的全册共10卷。

像历史类书籍、经营学类书籍，都属于“有嚼头的书”。在经营学类的书籍里，我比较推荐P·F·德鲁克，他的书很有启发性，值得年轻人花精力深度阅读。以《现代的经营》为代表，我也读过不少他的著作。

对于日本人来说，研究“隐性知识”概念，有“知识管理理论之父”之称的野中郁次郎的书也不可不读。我推荐他的《失败的本质——日本军队组织论的研究》（共著）和《美国海兵队》。

社会科学类书籍，我推荐塞缪尔·亨廷顿的《文明的冲突与世界秩序的重建》，这本书有利于了解日本在全球所处的位置，让人茅塞顿开。关于这本书，我会专门辟出一个章节来介绍。

阅读上述我推荐的“硬货”，必须沉下心来才能读进去。当你发觉迟迟难以进入状态，研读这些严肃文字味同嚼蜡时，就不要再勉强自己。勉强会令阅读成为一种痛苦，人也渐渐失去了读书的乐趣和动力。遇到这样的“读书瓶颈”，可以换上一本轻松闲适的书来翻阅。

从轻松的书入手，更容易将阅读的习惯坚持下去，并且会让人在无形中就提高了阅读的热情和意愿，为挑战下一本“硬货”创造条件和氛围。

轻松闲适的书，我推荐池波正太郎的《鬼平裁决录》和平岩弓枝的《御宿kawasemi》，读起来引人入胜，令人很容易就忘记了时间。

至于时下流行的书，说出来大家或许会笑，我最近开始喜欢看村上春树的书了。我感觉他的书很异想天开，也很莫名其妙，但不知道为什么，就是能让你不忍释卷。

现在的年轻人渐渐丧失了对书籍的感情，这是十分遗憾的事情。纵然时代变化，也要坚持从纸质书籍中汲取营养，完善自我。要养成阅读的习惯，不妨试试我的宫内式读书法，大家可以先从轻松闲适的书籍入手，逐渐提高难度，最后试试有嚼头的书。

小结：阅读能够培养人的知性和教养，养成阅读的好习惯将受益终生。

《昭和史》——解读日本的来时路

如今的日本社会是如何建立起来的?答案就在半藤一利的《昭和史》这本书里。

从明治维新以来的崛起，到日俄战争的爆发，历经四十年的岁月，才终于建立起来的现代国家——日本，又是如何变得自满、狂热，一手将明治先贤们创建起来的国家毁掉的呢?《昭和史》用浅白的文字，为我们抽丝剥茧般地描绘了这一过程，描绘了军部的胡作非为和对战争的狂想，以及被煽动起来的疯狂民众。我是一边追溯记忆的长河，回想自己小时候经历过的“二战”末期和战后的经历，一边读完这本书的。

为了躲避战乱，在1943年我8岁那年，我被疏散投靠至山口县玖珂郡大富的亲戚家，后来又一家6口都搬到了兵库县佐用町的山沟里。我曾仰头看过美军的B29轰炸机，在结束了对神户市或者姬路市的空袭后，带着隆隆的响声在佐用町的上空掉头。

在上小学4年级的那个暑假里，我听到了具有历史转折意义的昭和天皇的“玉音放送”（即1945年8月15日昭和天皇亲自录制的宣布战败的诏书广播）。

在“玉音放送”之前，薄薄的只有一页的报纸上全是些可怕的新闻，比如“广岛或已遭到新型炸弹袭击”、“苏联侵进满洲”等。以1945年8月15日为分界线，学校的教育一反常态，不再进行什么“一亿民众一条心”、“鬼畜美英”的教育，而是宣传“要把日本建设成为一个和平国家”。

这样的战败体验对我人格的形成产生了不小的影响，令我对所谓的权威主义产生了疑问，时至今日也是一样。

也就是说，1945年8月15日，日本结束了战争，世风骤然反转。以往推崇的价值观被全盘否定。而在此之前的创造了现代日本的是明治维新，然而，是什么原因让军人成为独立于内阁体制外的独特群体，使得他们可以在国外进行战争活动，在国内运用暗杀等非常手段干预内阁政治，又是为什么日本必须和美国这样的大国开战呢？相信大家在这本书都能找到答案。

对今天的我们造成最大影响的，就是日本昭和年间所发生的一切。然而在日本的学校里，我们却学不到如此重要的近现代史，这是一件多么悲哀、多么令人难以置信的事情。

能被称为历史的，都是过去的事情。但通过学习近现代史，不仅有助于我们了解日本的过去，而且有助于我们看清日本的现在，思考日本的未来。

对于没有机会在学校里了解昭和史的年轻人来说，这本书不可不读。

《昭和史 1926——1945》、《昭和史 战后篇 1945——1989》
半藤一利著 平凡社出版发行

战前、战中篇横跨了日中战争（中国称“抗日战争”）和太平洋战争，战后篇则主要讲述日本的重建复兴、和平条约、经济高速成长期，以及泡沫经济破灭的征兆。该书作者采用讲论授课的方式，被誉为最通俗易懂的历史类书籍，并获得了每日出版文化奖特别奖。

《天皇的世纪》——最好的历史传记

《天皇的世纪》是大佛次郎的力作，全书共10卷，我花费了整整四年时间才将其读完。

1973年，大佛次郎不幸去世，这本书也成了一本未完成的大业，不禁令人扼腕长叹。

这本书用平实的语言记述了从明治天皇诞生到戊辰战争中期的动荡不安的明治政府。在读这本书前，包括我在内的大多数人，都认为明治政府是通过大政奉还而稳步建立起来的政权。事实上，外国列强不断干涉日本内政，明治政府是举步维艰、如履薄冰。

通过阅读这本书，我才了解到，如果幕府或志士们的行动稍微迟缓一点，或者他们在掌握大方向上稍有差池，日本就会沦为列强的殖民地。一想到这里，我就不寒而栗。

日俄战争和太平洋战争，也是由翻手云覆手雨般的外交左右着国家的沉浮，究其爆发的根源也是在明治时代。

大佛次郎运用庞大的历史资料，最大限度地为我们还原了历史事实，正因为这样，这本书要“啃”下来着实不易，也正因为这样，这本书没有掺杂作者的主观意识，真实感扑面而来。

《天皇的世纪》不像司马辽太郎笔下的那些幕末故事那般酣畅淋漓、热血沸腾，但绝对是一本“有嚼头”的著作，全书10卷读完后的成就感更是其他书籍无法比拟的。

《天皇的世纪》
大佛次郎著 朝日新闻社、文春文库出版发行

该书引用了大量的史实资料，以纪实的手法讲述了从明治天皇诞生到戊辰战争中期的维新历史。从1967年1月1日开始连载，直到作者去世，连载次数达到了1555期。1974年首次出版发行合订本，共10卷，现在仍可以买到文库本。

《文明的冲突与世界秩序的重建》——凸显日本的特殊性

《文明的冲突与世界秩序的重建》的作者塞缪尔·亨廷顿认为，东西方冷战后的世界，冲突的基本根源不再是意识形态，而是文化方面的差异，世界格局的决定因素将是“文明的冲突”。因此这本书的视角独特，读起来相当刺激。

由于书中准确地预言了西方文明与伊斯兰文明的冲突，因此引起了全球的普遍关注和争论。但我关心的焦点，却不在这里。

西方学者往往认为日本文明是中国儒教文明的一部分，但塞缪尔·亨廷顿不这么认为，他将世界分为八大文明，并指出日本文明与中华文明还是存在很多明显不同的地方，日本有自己的固有文明。

然而当有人指出，日本有自己的固有文明时，是否就该拍手欢呼呢？我不这么认为。

日本人口仅占世界总人口的2%，无论是外交还是经营，如果日本不与世界相协调，就很容易被孤立出去。为了让世界多了解日本的独特性，我们要经常面向全球自我宣传。

虽然这本书是在十多年前出版的，但放在今天，依旧能给我们很多启示。

《文明的冲突与世界秩序的重建》
塞缪尔·亨廷顿著 集英社出版发行

塞缪尔·亨廷顿（1927—2008），美国国际政治研究领域著名学者，从1996年开始执笔国际政治学著作。他认为，世界主要有八大文明，即中华文明、印度文明、伊斯兰文明、西方文明、日本文明、东正教文明、拉美文明，还有可能存在的非洲文明。

第六章

领导者的必备条件

身为领导者就要引领变革

奥地利经济学者熊彼特（1883—1950）说过，资本主义经济的本质就是创新、变革，通过革新来促进社会发展。也就是说，是资本主义经济不断打破常规，让社会变得更加丰富。

所以，我把资本主义经济下的经营者定义为“引领变革的人”。他们不惧失败，努力为社会创造新的价值，经营者就要有这样的素质才可以。

不仅是企业的领导者，一个企业里大小部门的管理干部都要有这种素质，要有创造性地带领部下工作，这样企业整体才能阔步前进。

遗憾的是，在日本，很难出现有创造性的企业。原因之一，是日本盛行“年功序列制”。这一制度让大多数员工都根深蒂固地认为，只要不出现明显的错误，工作年头到了，就会顺顺利利地逐步升迁。

原因之二，是泡沫经济破灭后，日本步入了“失去的十年”、“失去的二十年”，经济全面停滞不前、企业活动规模缩小，经营者们也变得非常消极，不肯轻易挑战新事物。这种消极经营的态度，直到今天也是日本企业的主流思想。

最明显的表现，就是裁员重组。在经济低迷的情况下，经营者们没能力让营业额增长，却要确保企业的利益，就只能在裁员重组上下功夫。一时间搞得日本的经济界都误认为能裁员重组的经营者才是好的经营者。

裁员重组，的确可以削减经费，让效率低、能力差的人下岗，看上去也是确保了企业利益，但对于经济社会来说，这种既减少了分母又减少了分子的行为，只能带来企业规模缩小的结果。这称得上是正常的经营模式吗？反正据我所知，还没有哪家企业因为裁员重组而得到更好的发展。

归根结蒂，企业经营者的责任就是从零创造财富，不断为社会输出新的价值，所以必须不断保持挑战的姿态，也只有这样才能引领变革。想变革就要挑战风险。

企业的领导者及其身边的智囊团，肯定都是具有一定专业知识的专家，所以不可能不顾一切地去挑战任何风险，而是经过缜密的计算，回避“坏风险”，挑战“好风险”。

但再好的风险，也是风险，也会存在一些不确定因素，这就需要领导者发挥领导的素质，看准时机，做出决断，带领企业全体迎战风险。

由于日本长期经济不景气，消极应变的立场和态度已经在经营者们的心里根深蒂固，要想让大家扭转思路，由“裁员重组式经营”改为“变革型经营”并不是一件容易的事。

这就需要有志向的年轻员工、企业核心员工，能够主动站在变革的立场上，从自己的岗位上开始变革，带动其他员工在企业内掀起变革的浪潮。

如果能从内部顺利地变革，自然就会将浪潮不断推高，最终影响到最高管理层的思维方式。

小结： 由“裁员重组式经营”改为“变革型经营”才是拯救日本产业的可行之路。

专业性和人格魅力缺一不可

领导者的责任，就是要让团队的力量发挥到最大。

一般来说，一个团队或者一个企业里，会有各种类型的人存在。他们当中有才华出众的，也有能力平庸的；有干劲儿十足的，也有萎靡不振的；有协调性好的，也有格格不入的。这就要考验领导者能否让每个人都各司其职、各尽其才。

大多数领导者，喜欢多用那些优秀的、有干劲儿的人，而那些平庸的、没有上进心的，则往往被忽视。

让能干的人多干，这种用人方式乍看上去似乎挺有效率，但事实上，被忽视的人会因此越发地被动，团队整体也无法协调合作，不能发挥出最大的力量。

而一名合格的领导者，要能调动其每名员工的积极性才行，要能让所有人都拧成一股绳，将团体的力量发挥到最大。

那么，怎样才能做一名合格的领导者呢？我的想法是，领导者要先提高自身的专业性和人格魅力。

我之前就提到过，对于刚刚步入职场的人来说，提高专业性非常重要，而且要坚持不懈地吸收学习。对于一个领导者来说更是如此，要有坚实的专业基础，才能将团队向正确的方向进行引导。如果领导者错了，团队整体的努力方向就都会跟着错。

正确性是领导者的必要条件之一，但光有正确性，不代表员工就会愿意和领导者同心同德，最根本的，是要拥有人格魅力。

关于领导者的人格魅力，是个老生常谈的话题，几乎所有正统派的领导理论里都会言及这一点。企业的根本是人，是以人为单位组成的组织，所以做领导的，不可避免地要提高自己的人格魅力，这样才有约束、领导大家的能力。

人格魅力如此重要，那么该如何提高呢？我的诀窍只有一个，就是不断积累人生经验，保持对他人的兴趣，不要凡事只想着自己。

要做到这一点，最好能有一个明确的人生目标，自己想度过怎样的一生，想成为怎样的一个人。关爱他人，尊重他人，正是不断完善自身，让自己成为一个合格领导者的必要修炼。

“反正我无所谓”、“反正我这一辈子就这样了”，抱着这种自暴自弃想法的人，又怎么可能真诚地对待周围的人？而努力生活，奋发向上的人，则会带动周围的人一起变得真诚、上进，那种热情与努力能够感染周围的人，让周围的人信赖他，与他产生共鸣。如果是在一个团队里，就能带动团队拿出最好的工作成果。

优秀的领导者都有一个共同点，就是能自然而然地流露出人格魅力，不用特殊手段也能轻易带动周围的人，让团队做出成果。

要做一名好领导，其实真没什么捷径，越早意识到这一点越好。你能够做的，只是不断提高自己的专业知识，培养自己的判断力，真诚、积极地做人，在人生道路上努力前进。

小结：领导者的专业性和人格魅力越高，团队的工作业绩就越高。

培养先见之明和行动力

眼下的时代，是个思维方式和价值观模式不断变化的时代。

因此，在商海中打拼，要看清生活方式和消费方式的变化，以及随之而来的经济、产业构造上的变化。先见之明，比任何时候都更为重要。

但所谓的先见之明，不能全靠主观判断，“可能差不多会这样吧”可不行，得在掌握了充分的判断依据和有效信息的基础上做出判断，同时也要征求公司内外智囊、专家们的意见。

作为领导者，不能陷入自以为是、独断专行的怪圈，要努力培养自己观察、判断时代变化的能力，也要有在做出判断后立即执行的行动力。

在这里，我要举的例子是欧力士的第二任社长，乾恒雄先生。乾恒雄先生认为，企业应该是属于社会的。他决定带领公司转型，从少数股东掌控支配，变成面向社会、面向广大投资家公开募股。

在乾恒雄先生的积极推动下，不到一年我们就完成了上市前期的筹备工作。按照当时的制度，企业上市后，董事和员工都可以分摊到股票。如果能推迟一年上市的话，带领我们打江山的乾恒雄先生一定会因此变成一个大富翁。但他本人根本就没有去想这一层。与此同时，乾恒雄先生还将目光转向了海外的“租赁空白区”，对进军东南亚国家跃跃欲试。1971 年 9 月，欧力士的第一家全资海外分公司就在香港挂牌营业了。随后，我们又进军了新加坡市场，与当地的国有银行、华侨银行联手成立了合资公司。接下来的几年间，我们一鼓作气地将业务网扩大到了马来西亚、巴西、美国、韩国、印度尼西亚、菲律宾和泰国等国家，几乎是按照一年一个的速度在海外陆续成立了分公司。

如果没有乾恒雄先生凭借海外经验培养出来的先见之明和英明决断，以及决断后迅速付诸行动的超群行动力，直到今天，欧力士也顶多只是某家商社或某个银行的一个分公司而已。

培养先见之明并不是一件容易的事情，如果判断失误，并在误判的基础上展开行动，就会让公司走上绝路。

所以一定要在日常生活中就敏感地捕捉、收集各路信息，尽可能站在中立的角度下判断，如果发现自己误判，不要恋战，要随机应变，在如此变化多端的时代，朝令夕改甚至是朝令朝改都是值得鼓励的。

任何变化都会有一些征兆出现，要能及时捕捉到这些微小的征兆，切实地采取对策才行。这就需要同时具备先见之明和行动力。

这两项能力非一朝一夕就能掌握，但却是企业领导者不可或缺的。唯有从年轻的时候就开始锻炼，争取做到从大局观出发，带动周围人一起向着自己的目标努力。

如果能培养出这两种能力，你将来的发展空间就不可限量。

小结：要能敏锐捕捉变化的征兆，并迅速地展开行动。

要保持一个强健的体魄

我曾经得过两场大病。

第一场大病是在学生时代。受父亲的影响，我一心想从事贸易行业，所以在高中毕业后选择了进入关西学院大学商学部。

进入大学后，我一改初、高中时的那种学习态度，开始专心苦读，晚上还到英语夜校补习英语课程，越发意识到学好英语的重要性。夜校对学生出席点名异常严格，因此我顾不上吃晚饭，常常是空着肚子去上课。

我还加入了大学合唱团。关西学院大学是常年蝉联全国第一的名校，所以合唱团的练习强度也比高中时提高了很多，甚至需要将练习看得比上课还重。眼看着我的身体就要吃不消。

在大二那年即将结束的时候，我的身体状况差到了极点，一场突如其来的肺结核，改变了我的学生生活。

那年入冬以后，我发烧迟迟不退，到大学的诊所看病，医生告诉我需要立即住院治疗，而且必须静养 1 年以上。就这样，充实快乐的大学生活紧急刹车，我的世界一下子灰暗了。

侥幸可以不用住院，但却不得不在家静养，还有医生定期登门诊疗。我过上了单调而重复的“病号”日子。生怕被同龄人落下的我，一头扎进了书堆里，开始自学。

链霉素等有效药物的相继问世，让我的静养只持续了半年，便提前宣布结束，重返校园时，正赶上秋季考试，虽然此前我一节课都没有上过，但成绩却是突飞猛进了。

在我静养的那半年间，同学们会把详细完整的课堂笔记借给我。在大家的共同帮助下，原本可能留级的我，最终得以顺利毕业。经历过这件事以后，我才第一次注意起个人健康。

第二场大病是在做了社长后。1980 年的 12 月，乾恒雄先生升任公司董事长，我接任了社长。45 岁的我是公司里最年轻的董事，在商海摸爬滚打了这么多年，我深信自身的经验能够让我执掌好这个公司。乾恒雄先生的那句“出了问题我承担”，更是最为有力的“强心丸”。但一想到做了社长就意味着当公司出现重大变故时，我就是那个要负全责的人，不禁还是为此感到心惊。

尽管诚惶诚恐，但我没有因此畏手畏脚，不断地扩大公司业务，作为公司的头号“推销员”，我经常满世界地出差，干劲十足。

但一场意外却悄悄袭来，让我在1981年的夏天，不得不回家静养一段时间。

事情的起因是这样的。在香港出差期间，我牙痛得要命，只好跑到当地的医院就诊，但医院可能使用了别人用过的针头给我打了止疼针。我回国后一直低烧不退，即便是家庭聚餐也没有胃口，在做过身体检查后，没等检验结果出来我就又忙着出差了。但这一次，我却被总部叫了回来，并告诉我检查结果是感染了B型肝炎。于是，我一下飞机就被送往圣路加国际医院。

主治医生告诉我，B型肝炎没有特效药，只能靠静养身体。这真是让我失望的回答。遵照医嘱，我在医院里足足住了一个月左右，出院后也只能在家静养，直到身体内有了抗体。

这样的经历让我认识到，“身为社长，健康最重要”！

作为一个领导者，必须照顾好自己的身体，不然不仅体力跟不上，就是判断力都会受影响，会给周围人的工作增添麻烦，也会让团队的战斗力下降。

自从第二场大病后，我每天都会保证自己有充足的睡眠，感到疲倦了也不会硬撑，而是抓紧时间休息一下，就连生活习惯也调整了，一周里有两天不喝酒的“休肝日”。如今的我已经与大病绝缘了。

看到我不再勉强自己，或许会有人觉得，我变得会偷懒了。但事实上是我意识到了，保障身体健康也是作为企业领导者的职责之一。

小结：保持充足的气力和体力，也是企业领导者的职责之一。

要认识到团队协作精神的重要性

不知道大家有没有发现，近来的年轻员工对于公司的从属意识日渐薄弱，尽管是在企业里工作，却拒绝团队协作，摆出了一副单枪匹马、单打独斗的姿态，还以为这样就叫顺应国际潮流。

在我看来，这样就大错特错。商业活动，就是要靠团体合作才能最大限度地产生工作成果，商业知识和商业价值的创造，是团队里所有人思想碰撞的结果。它不像艺术作品那样，仅靠一个人的个性和能力就可以创造出来。

体育界也是一样，从 1992 年到 2000 年，欧力士的棒球队里虽然有铃木一朗这样的棒球巨星，但在联赛中也只获得了两次冠军。可见即便个体出色，但如果不能发挥出团队的力量，也一样无法获胜。

欧力士也是一个鲜活的例子。欧力士从创业之初，就注重团队精神，我个人也逢事便强调“唯有团队协作才能出成果”。

欧力士的员工和外资银行的员工相比较，个体的能力可能会落后一些，但在团队作战中，却从来没有输过。

欧力士本来就是由来自不同商社、银行的员工组合在一起而起步的公司，所以中途社招的有经验的员工也特别多，占到了新录取员工的三到四成。人才的多样性，提升了企业的综合竞争力。

从我的个人经验来看，拥有不同思想、才华的人聚在一起共同作业，能够带来意想不到的结果。

在之前的章节中我也讲到，不能走进“猫耳洞”，而团队协作，恰恰就是打通“猫耳洞”，打败部门主义的重要方式。

一个企业，如果不善加管理，很容易就会陷入纵向结构的“猫耳洞”。这个时候就更需要员工们加强同其他部门的合作。

能否让团队协作精神在企业内部扎根，直接决定了企业竞争力的强弱。企业领导者的作用之一，就是要让年轻人尽早理解团队协作的重要性。

员工作为个体，当然要不断提高自己的专业能力，与此同时，也要经常和上司、同事以及其他部门的员工相互切磋、相互配合，实际感受一下团队协作所带来的成就感。

团队协作的重要性，很难用语言和文字表述清楚。但团队精神就跟专业能力一样，都是支撑未来工作发展与人生道路的重要力量。对于这一点，我深信不疑。

小结：没有一个强劲的团队，终将被淹没在商海之中。

失败让人成长

在之前的章节中我也提到过，欧力士在泡沫经济后期比其他同行早一年撤出了房地产市场，尽管收益减少，但总算得以保存住企业命脉，没有从根本上动摇根基。

虽然已经将损失降到了最低限度，但这依旧是欧力士房地产部门的一大失策。该部门还有一小部分员工因此主动请辞。

这要是放在其他公司，恐怕留下来的员工也要被惩罚性地降职或调动。但是欧力士没有这么做，依旧让这些员工在房地产部门工作。

因为包括他们在内，这是给欧力士全体员工上的一场学费高昂的课，所以我相信他们能够从失败的教训中学习到经验，并最终赚回学费。

事实上，在泡沫经济破灭后的债权回收过程中，他们甚至比我还要慎重、正确地判断形势。时至今日，他们已经成长成为日本房地产界屈指可数的强大团队了。

他们能有今天，是因为没有在一次失败后就一蹶不振，而是将失败转换成自己的有利经验，从失败中得到了成长，成为了公司宝贵的战斗力！

现在的日本年轻人一直生活在父母的羽翼下，认为自己在社会上被庇护是理所当然的事情。他们不习惯失败，因此极端恐惧失败，倾向于找个安全的角落躲起来。这样的人，又怎么能在商海中生存、发展呢？

值得庆幸的是，和装备产业相比，金融服务业不需要超前的、巨额的投资，所以也不会有什么大的失败，不大会因为一时看错了方向，就从根本上动摇了公司的根基。

正因为这样，我经常激励员工们："没有风险就没有收益。"当然，失败越少越好，但商业活动不可能没有失败。特别是欧力士这样在不断挑战中成长起来的公司，基本上每一名员工都经历过失败。因为惧怕失败而不敢有所行动，才是最愚蠢的事。如果不肯面对风险，什么都不肯做，公司又怎么会有成长和发展呢？

要敢于面对风险，挑战风险，在风险面前，重要的不是什么都不做，而是能冷静判断什么是"好风险"什么是"坏风险"。

在欧力士，敢于开拓新领域，挑战新风险的员工，都是有一定成功把握的，他们能够判断出自己面临的风险是“好风险”。所以即便状况恶化，没有取得预想的成果，他们也会尝试着改变做事方法，继续努力下去。

我个人也这样想，不会因为一时的不顺就立即喊停，我会给他们留下扳回一成的机会。

很多时候，当负责人连续两次跟我汇报业务进展不顺时，我都不会喊停，依照我的经验，两次被三振出局后，第三次就会出现全垒打。

但有句话说得好，“事不过三”，如果连续三次在同一个地方失败，那么他们就应当意识到，自己以为的“好风险”，其实是个“坏风险”，接下来就要从失败中汲取教训才可以。

我特别欣赏不惧失败、勇于挑战的人。现在的年轻人当中，有不少在任务面前因为恐惧失败、下不了决心而推三阻四、找各种借口的人。我特别反感和这样的年轻人说话，觉得他们是在浪费我的时间。

与这样的人相比，我更喜欢那些想尽办法来说服我，让我同意他们去挑战一些看似不可能达到的目标的人。这样的人在我眼中更具魅力！

小结： 在不惧风险，不断挑战中培养分辨好坏风险的眼力。

图书在版编目（CIP）数据

抓住好风险 / (日) 宫内义彦 著；蒋丰 译. — 北京：东方出版社，2016.5
ISBN 978-7-5060-9068-1

Ⅰ. ①抓…　Ⅱ. ①宫… ②蒋…　Ⅲ. ①企业管理—经验—日本—现代　Ⅳ. ①F279.313.3

中国版本图书馆CIP数据核字（2016）第118274号

抓住好风险
（ZHUAZHU HAOFENGXIAN）

作　　者：［日］宫内义彦
译　　者：蒋　丰
责任编辑：吴　婕　王思怡
出　　版：东方出版社
发　　行：人民东方出版传媒有限公司
地　　址：北京市东城区东四十条113号
邮政编码：100007
印　　刷：三河市中晟雅豪印务有限公司
版　　次：2016年6月第1版
印　　次：2018年1月第4次印刷
开　　本：880毫米×1230毫米　1/32
印　　张：6.375
字　　数：133千字
书　　号：ISBN 978-7-5060-9068-1
定　　价：42.00元
发行电话：（010）85924663　85924644　85924641